例題で学ぶ
やさしい電気回路
[直流編] 新装版

堀 浩雄 著

森北出版株式会社

● 本書のサポート情報を当社Webサイトに掲載する場合があります．下記のURLにアクセスし，サポートの案内をご覧ください．

https://www.morikita.co.jp/support/

● 本書の内容に関するご質問は，森北出版 出版部「(書名を明記)」係宛に書面にて，もしくは下記のe-mailアドレスまでお願いします．なお，電話でのご質問には応じかねますので，あらかじめご了承ください．

editor@morikita.co.jp

● 本書により得られた情報の使用から生じるいかなる損害についても，当社および本書の著者は責任を負わないものとします．

■ 本書に記載している製品名，商標および登録商標は，各権利者に帰属します．

■ 本書を無断で複写複製（電子化を含む）することは，著作権法上での例外を除き，禁じられています．複写される場合は，そのつど事前に(一社)出版者著作権管理機構（電話03-5244-5088，FAX03-5244-5089，e-mail:info@jcopy.or.jp）の許諾を得てください．また本書を代行業者等の第三者に依頼してスキャンやデジタル化することは，たとえ個人や家庭内での利用であっても一切認められておりません．

新装版のまえがき

　本書は第 1 版第 1 刷発行以来 11 年ほど経過し好評を得ており，新装版を発行することになった．本書および拙著『例題で学ぶやさしい電気回路［交流編］新装版』で扱う電気回路は電気系の学生や電気技術者を目指す者にとっての必須科目である．

　新装版においては，レイアウトの一新と二色刷りにより見やすくするとともに，抵抗器やスイッチ，検流計，電流源などの記号を JIS の最新のものとした．また，まえがきで記してあるように，電気回路の式には覚える必要があるものと導き出せれば覚える必要のないものがあるが，新装版では覚える必要のある式は青色の網掛けとした．

　なお，例題と演習問題を解く前に定理や法則などを含めて各項目の解説を十分に行っているので，単なる演習書ばかりでなく電気回路の教本としても使用いただける．電気系の学生や技術者の勉学のさらなる一助となれば幸いである．

　終わりに，新装版の刊行にあたり，有意義なご指摘をしていただいた森北出版(株)の編集関係者に感謝の意を表する．

2015 年 9 月 11 日　　　　　　　　　　　　　　　　　　　　　　　　　著　　者

まえがき

　直流電気回路は，大学・高専の電気系の学生，あるいは，電気系の技術者を目指す者にとって重要で基礎的な専門科目である．すなわち，電気系の学生や技術者は，交流回路(理論)・回路網理論・過渡現象論・トランジスタ回路や集積回路の電子回路を学ぶことになるが，この場合に直流電気回路の知識と考え方を基礎として習得していることが求められる．本書は，このように電気系の学生や技術者を目指す者を対象とした演習書として執筆したものである．

　考え方・解き方を十分に習得することによって幅広い応用力をつけることが大切であるとの考えから，回路計算の最強の手法ともいえるキルヒホッフの法則とそれに続く諸定理を学ぶ前の，第1章から第6章ではオームの法則を主体にした基本的解法で解くようにした．たとえば，第6章の並列接続電池に関する問題は，ミルマンの定理やキルヒホッフの法則，接続点法で解くのがより容易であるが，あえてオームの法則を主体にして進めた．本書の構成は，読者自身で回路の解法を順次，習得できるようになるように心掛けたつもりである．

　電気回路を学ぶ際し，出てくる技術用語を十分に把握していないと理解が進まない．そこで，そのおもな基礎用語は調べやすいように本文中で太字とし，そのリストを巻末の付録にまとめた．索引とともに利用していただきたい．

　各定理や例題は自ら証明できるように，あるいは解くことができるようにしてほしい．単なる暗記は電気回路を理解するうえで意味がない．紙と鉛筆で自らの理解を積み重ねることが必要である．このとき，覚える必要のある定理と覚えなくてよい公式とを区別しよう．たとえば，倍率器や分流器あるいは並列接続電池に関する公式は暗記する必要はなく，考え方・解き方を習得すればよいのである．本書では，覚える必要のある式は四角で囲ってある(本新装版では青色の網掛けとした)が，式を導くことができるようにしておきたい．回路の問題を解くにはいくつかの方法があるが，いろいろの方法で解いてみよう．解くうえで最適な方法を見きわめる力をつけることができるようになるので，ぜひ心掛けてほしい．

　終わりに，出版にあたり多くのご助言をいただいた森北出版(株)の方々に心より感謝いたします．

2004年8月4日　　　　　　　　　　　　　　　　　　　　　　　　　　著　者

目　　次

第1章　電気の基礎 — 1
- 1.1　電圧と電流 …… 1

第2章　導体の性質 — 4
- 2.1　抵抗とコンダクタンス …… 4
- 2.2　抵抗率・導電率とその温度係数 …… 5
- 2.3　オームの法則 …… 8
- 2.4　回路計算の基礎事項 …… 9
- 演習問題 …… 13

第3章　抵抗の直列接続 — 14
- 3.1　直列接続とその合成抵抗値 …… 14
- 3.2　直列接続における電圧分配 …… 16
- 3.3　倍率器 …… 20
- 演習問題 …… 23

第4章　抵抗の並列接続 — 24
- 4.1　並列接続とその合成抵抗値 …… 24
- 4.2　並列接続における電流分配 …… 31
- 4.3　分流器 …… 35
- 演習問題 …… 37

第5章　△接続‐Y接続間の変換 — 39
- 5.1　抵抗の△接続からY接続への変換 …… 39
- 5.2　抵抗のY接続から△接続への変換 …… 40
- 演習問題 …… 43

第6章　電　　源 — 45
- 6.1　電圧源 …… 45
- 6.2　電流源 …… 47

6.3	電池の接続	49
	演習問題	56

第7章　キルヒホッフの法則 — 58

7.1	キルヒホッフの法則	58
7.2	網目法	63
7.3	接続点法	70
	演習問題	76

第8章　回路定理 — 78

8.1	重ねの理	78
8.2	テブナンの定理	86
8.3	ノートンの定理	94
8.4	ミルマンの定理	98
8.5	相反の定理	102
8.6	補償の定理	105
	演習問題	109

第9章　ホイートストン・ブリッジ回路 — 111

9.1	平衡状態にあるブリッジ回路内の未知の抵抗を求める	111
9.2	ac 間の抵抗あるいは電流を求める	112
9.3	bd 間の電流あるいはブリッジの平衡条件を求める	113
9.4	任意の枝路の電流を求める	115
9.5	平衡状態での ac 間の抵抗あるいは電流を求める	115
	演習問題	117

第10章　電力と電力量 — 118

10.1	電力	118
10.2	電力量	119
10.3	最大電力	120
	演習問題	124

付　録 — 125

1	基礎技術用語集	125
2	電気回路の物理量と単位	127

3	単位の倍数	**128**
4	クラーメルの公式	**128**

演習問題の解答 ────────────── 131◀

索　引 ──────────────── 134◀

例題で学ぶ　やさしい電気回路［交流編］　新装版　目次

第 1 章　交流	第 7 章　キルヒホッフの法則
第 2 章　インピーダンスとアドミタンス	第 8 章　交流回路定理
第 3 章　簡単な交流回路	第 9 章　相互誘導結合回路
第 4 章　逆回路と定抵抗回路	第 10 章　四端子網
第 5 章　共振回路	第 11 章　三相交流
第 6 章　交流電力	第 12 章　非正弦波交流

第1章

電気の基礎

> **この章の目的** ▶▶▶
>
> 電気回路を学ぶにあたって必要な電気の基礎的な概念について学ぶことにする．電気回路でよく使われる電圧，電位，電位差，電流などの定義や意味とそれらの単位を理解する．

1.1 電圧と電流

電気には**直流**と**交流**があるが，本書で扱うのは直流である．直流は時間的に変化しない電気であり，交流は大きさと流れる向きが時間的に変化する電気である．直流の電気は乾電池や鉛蓄電池，太陽電池，交流を直流に変換する整流器，直流発電機などから得られる．交流は発電所から変電所を経て送電線で家庭や工場に送られてくる電気が代表例である．

電気の流れを水の流れと対比して考える．図 1.1 は水位の異なる二つの水槽であり，パイプでつながれているとする．水槽 A の水位 H_A は B の水位 H_B より高く，弁を開けると，この水位の差でパイプに水の流れ（水流）が起こる．

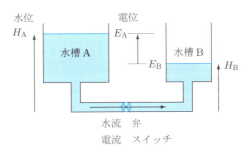

図 1.1 水と電気の流れの対比

電気では水位に相当するのが**電位**である．この電位が電気の通り道である導体の 2 箇所で異なると，その差の**電位差** $E_A - E_B$ によって導体内部に**電流**が流れる．この場合，たとえ電位が高くとも電位差がゼロのときには電流は流れない．この電流は水流に対比される．すなわち，電流は電位の高い場所から低い場所へ流れる．このパイ

プの太さが細ければ抵抗となり，水は流れにくくなる．電気の場合は電気**抵抗**が電流の流れを制限する．なお，図 1.1 でもし，$H_A < H_B$ であれば水流は図と逆となるが，電気の場合も同様に流れの方向は逆となる．

2 点間の電位差は**電圧**であり，電位や電位差，電圧の単位は**ボルト**（記号は V）である．なお，ボルトの 10^{-6} 倍，10^{-3} 倍，10^3 倍，10^6 倍は，それぞれ，マイクロボルト [μV]，ミリボルト [mV]，キロボルト [kV]，メガボルト [MV] である．また，電位差をつくる電気的な力は**起電力**とよばれ，電気を発生する源である．起電力の単位も電圧と同じボルトである．なお，電位の基準は，理論上は無限遠点の電位をゼロとするが，実用上は地球の大地の電位をゼロとして使う．電気機器の回路の一部を大地の電位と等しく保つことを**接地**するという．

直流の**電源**のうち**電圧源**†の記号は図 1.2 のとおりであり，長い線のほうが正，短い線のほうが負の極を示す．電圧の存在は矢印で示し，電圧が正のほうを矢の先端にする．図 1.3 に電圧の大きさを測る**電圧計**の記号を，電流の大きさを測る**電流計**と電流の流れを敏感に検知する**検流計**の記号とともに示す．

図 1.2　電圧源の記号　　　　　　　図 1.3　測定器の記号

ところで，ある物が電気を帯びることを帯電といい，その物を**帯電体**とよぶ．帯電体のもつ電気を**電荷**といい，電荷の単位は**クーロン**（記号は C）である．電流のもとは電気を帯びた帯電体であり，導線や抵抗などの導体では負の電荷をもった**電子**である．導体中では，2 点間に電圧，すなわち電位差をつくる電気的な力である起電力を加えると，電子は正側などの電位の高いほうへ移動し，電流が流れる．電流は単位時間に移動する電荷量（電気量）であり，その単位は**アンペア**（記号は A）である．1 秒間に 1 C の電荷が流れると，1 A の電流が流れることになる．一つの電子が帯びる電荷量は 1.6022×10^{-19} C であるから，6.2418×10^{18} 個ほどの電子が 1 秒間に移動すると 1 A の電流が流れるわけである．**正電荷**の移動する方向が電流の流れの正の方向と決められていて，電流の流れの方向と電子の移動する方向とは逆である．なお，アンペアの 10^{-6} 倍，10^{-3} 倍，10^3 倍は，それぞれ，マイクロアンペア [μA]，ミリアンペア

---

† 電流源とともに詳しくは第 6 章で学ぶ．

[mA]，キロアンペア [kA] である．

電気が電圧あるいは電流として最終的に送られる先は**負荷**とよばれ，電気のエネルギーがそこで消費される．

例題 1.1 つぎの文章で，正しいものには○印を，間違っているものには×印をつけなさい．
(1) 負の電荷をもち，電流を運ぶ電子の進む方向は電流の流れる向きと同じであると定められている．
(2) 1 秒間に 1 C（クーロン）の割合で電気量が流れると，大きさ 1 A（アンペア）の電流が流れることになる．
(3) 電流は電位の高い方へ向かって流れる．

解 (1) ×　(2) ○　(3) ×

第 2 章

導体の性質

> **この章の目的 ▶▶▶**
>
> 電気回路を構成する素子の一つである抵抗の値とその逆数のコンダクタンスが寸法や温度でどのように定まるかを知り，電気回路でもっとも基本的な法則であるオームの法則を学ぶ．また，回路で使われる技術用語と，第 7 章以降の諸定理を学ぶまでの電気回路の基本的な解き方を覚える．

2.1 抵抗とコンダクタンス

導体に電源を接続すると電子が動き，電流が流れる．このとき，電子は，導体内部では運動が妨げられる．すなわち，導体には電流を流れにくくする**抵抗**(**電気抵抗**)がある．この導体の抵抗の大きさは，つぎに述べるように，導体の材料や形状によって決まる．

抵抗(器)は電気回路の基本的な素子であり，電流の大きさの調整，電圧の大きさの分配など重要な役割をもっている．回路で使われる抵抗のおもな記号を図 2.1 に示す．抵抗の単位は**オーム**(記号は Ω)[†]である．なお，オームの 10^{-6} 倍，10^{-3} 倍，10^3 倍，10^6 倍は，それぞれ，マイクロオーム [μΩ]，ミリオーム [mΩ]，キロオーム [kΩ]，メグオーム [MΩ] である．

電気量の抵抗の逆数は**コンダクタンス**とよばれ，抵抗の並列接続などでよく用いられる．単位は**ジーメンス**(記号は S)[††]である．抵抗を R と記せば，コンダクタンス G はつぎのようになる．

$$G = \frac{1}{R} \tag{2.1}$$

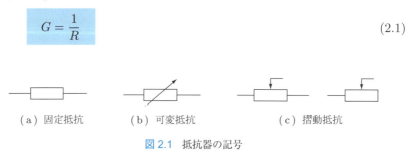

(a) 固定抵抗　　(b) 可変抵抗　　(c) 摺動抵抗

図 2.1　抵抗器の記号

[†] Ω はギリシャ文字のオメガである．たとえば，10 Ω は 10 オームと読む．
[††] 単位としてオーム分の 1 [$Ω^{-1}$] も使われる．

2.2 抵抗率・導電率とその温度係数

例題 2.1 つぎの値の抵抗器がある．抵抗値で示されているものはコンダクタンスの値で，コンダンタンスで示されているものは抵抗の値で，それぞれ表しなさい．
(1) 1 Ω (2) 50 Ω (3) 10 kΩ (4) 0.25 S (5) 0.01 mS
(6) 500 S

解 (1) $\dfrac{1}{1} = 1$ [S] (2) $\dfrac{1}{50} = 0.02$ [S] (3) $\dfrac{1}{10} = 0.1$ [mS] (4) $\dfrac{1}{0.25} = 4$ [Ω]
(5) $\dfrac{1}{0.01} = 100$ [kΩ] (6) $\dfrac{1}{500} = 0.002$ [Ω] = 2 [mΩ]

2.2 抵抗率・導電率とその温度係数

2.2.1 抵抗率と導電率

抵抗の値 R [Ω] は，電流が流れる導体の長さ L [m] に比例し，導体の断面積 S [m^2] に反比例する．比例定数を ρ とすると，つぎのようになる．

$$R = \frac{\rho L}{S} \tag{2.2}$$

この比例定数 ρ [†] （単位はオーム・メートル，その記号は Ω·m）を**抵抗率**（**固有抵抗**）といい，これは材料固有の値である．

導電率は，電気の流れやすさの目安を示し，抵抗率の逆数で表される．すなわち，導電率 σ [††] （単位は S·m^{-1}，または，Ω^{-1}·m^{-1}）はつぎのように定義される．

$$\sigma = \frac{1}{\rho} \tag{2.3}$$

例題 2.2 直径が 4 mm で長さ L が 1 km の銅線の電気抵抗 R はいくらか．ただし，銅の抵抗率 ρ は 1.7×10^{-8} Ω·m とする．

解 銅線の断面積 S は，

$$S = (4 \times 10^{-3})^2 \frac{\pi}{4} = 4\pi \times 10^{-6} \text{ [m}^2\text{]}$$

であり，式 (2.2) に代入すると，求める抵抗 R はつぎのようになる．

$$R = \rho \frac{L}{S} = \frac{1.7 \times 10^{-8} \times 10^3}{4\pi \times 10^{-6}} = 1.35 \text{ [Ω]}$$

---

† ギリシャ文字であり，ローと読む．
†† ギリシャ文字であり，シグマと読む．

例題 2.3 図 2.2 のように，幅と奥行きがともに L [m] で厚さが t [m] である薄い板状の導体がある．断面積が Lt [m^2] の相対する 2 面間の抵抗 R が厚さ以外の寸法に無関係であることを示しなさい．

解 断面積 Lt [m^2]，長さ L [m] の抵抗 R は，抵抗率を ρ [Ω·m] とすると，

$$R = \frac{\rho L}{Lt} = \frac{\rho}{t} \ [\Omega]$$

となり，抵抗は抵抗率と厚さだけの関数である．

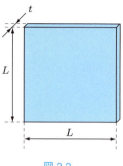

図 2.2

同じ物質で厚さが同じであれば，この抵抗は，幅と奥行きが等しい（正方形である）という条件のもとで大きさが変わっても不変である．この抵抗を工業界では**面抵抗**とよび，100 Ω/□（オーム/スクエアと読む）のように表記する．

例題 2.4 直径 D_0 [m] で長さ L_0 [m] の，ある導体の長さ方向の抵抗値が r [Ω] であるとする．この導体を長さ $2L_0$ [m] に一様に引き伸ばしたときの抵抗の値 R を求めなさい．

解 導体の抵抗率を ρ [Ω·m] とすれば，題意からつぎの式が得られる．

$$r = \frac{\rho L_0}{\dfrac{\pi D_0^2}{4}} = \frac{4\rho L_0}{\pi D_0^2} \ [\Omega]$$

導体を伸ばしたとき導体の体積は不変であるから，伸ばした後の直径を D とすると，

$$\frac{L_0 \pi D_0^2}{4} = \frac{2L_0 \pi D^2}{4} \quad \therefore D^2 = \frac{D_0^2}{2}$$

となる．抵抗 R は，上の関係を用いて整理するとつぎのようになる．

$$R = \frac{\rho \times 2L_0}{\dfrac{\pi D^2}{4}} = \frac{16\rho L_0}{\pi D_0^2} = 4r \ [\Omega]$$

2.2.2 抵抗率の温度係数

金属の抵抗値は温度に比例して増加する．この比例定数は抵抗あるいは抵抗率の**温度係数**とよばれ α [†] の記号が用いられる．これは，温度 1 ℃あたりの抵抗あるいは抵抗率の変化の割合を表し，一般には 20 ℃を基準にすることが多い．20 ℃の抵抗率を ρ_{20} [Ω·m] とし，t [℃] の抵抗率を ρ_t [Ω·m] とすると，

$$\rho_t = \rho_{20}\{1 + \alpha(t - 20)\} \tag{2.4}$$

---

† ギリシャ文字であり，アルファと読む．

であり、20 ℃の抵抗を R_{20} [Ω] とし、t [℃] の抵抗を R_t [Ω] とすると、つぎのように表される。

$$R_t = R_{20}\{1 + \alpha(t - 20)\} \tag{2.5}$$

温度係数は温度で少し変わるが、20 ℃の値が用いられる。

例題 2.5 つぎの文章で、正しいものには○印を、間違っているものには×印をつけなさい。
(1) 導体の抵抗は断面積と長さに比例し、その比例定数は抵抗率である。
(2) 導体のコンダクタンスは断面積に比例し、長さに反比例する。その比例定数は導電率である。
(3) 金属の抵抗は温度の上昇とともに小さくなる。

解 (1) ×　(2) ○　(3) ×

例題 2.6 20 ℃で抵抗が 30 Ω である鉄線を加熱したところ、50 Ω となった。鉄線の抵抗の温度係数を 0.005 ℃$^{-1}$ として、鉄線の温度を求めなさい。

解 鉄線の温度を t [℃] とすると、題意から、つぎの式が成り立つ。

$$50 = 30\{1 + 0.005(t - 20)\}$$

この式を解くと、$t = 153.3$ ℃である。

例題 2.7 抵抗値が R_1 である銅線と抵抗値が R_2 であるマンガニン線が直列に接続されている。このように直列に接続した抵抗を一つの金属とみなした合成温度係数を求めなさい。ただし、銅、マンガニンの抵抗の温度係数はそれぞれ、0.003930 ℃$^{-1}$、0.000013 ℃$^{-1}$ とする。

解 $R_1 + R_2$ の抵抗値は、T [℃] の温度上昇後には $R_1(1+0.003930T) + R_2(1+0.000013T)$ となる。この直列接続抵抗の合成温度係数を α [℃$^{-1}$] とすれば、つぎの関係式が成り立つ。

$$(R_1 + R_2)(1 + \alpha T) = R_1(1 + 0.003930T) + R_2(1 + 0.000013T)$$

したがって、この式から α を求めると、つぎのようになる。

$$\alpha = \frac{0.003930 R_1 + 0.000013 R_2}{R_1 + R_2} \text{ [℃}^{-1}]$$

2.3 オームの法則

電気が流れる導線や抵抗器などの導体における電流 I と，その電流が流れることによってその導体に発生する**電圧降下**†（電位差）E との間には，つぎの関係がある．

$$E = RI \tag{2.6}$$

ここで，R は電流 I に無関係な定数であり，電気抵抗（以降，単に抵抗とよぶ）である．このように，導体における電位差と電流とが比例するという関係を**オームの法則**という．電気回路で示すと図 2.3 のようになり，ab 間の抵抗 R に電流 I が流れると，電圧降下が生じて ab 間に電圧 $E(=RI)$ があらわれる．この場合，電圧 E の向きは図のとおりである．

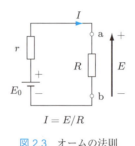

図 2.3　オームの法則

式 (2.1) のコンダクタンス G を使うと，式 (2.6) はつぎのようになる．

$$I = GE \tag{2.7}$$

例題 2.8　図 2.4 の回路についてつぎの問に答えなさい．

(1) 抵抗 R が 5 Ω であり，この抵抗に流れる電流 I が 2 A であれば，この抵抗の両端の電圧 E はいくらか．

(2) 抵抗 R が 5 kΩ であり，この抵抗の両端の電圧 E が 15 V であれば，流れる電流 I はいくらか．

(3) 抵抗 R に流れる電流 I が 10 A であり，この抵抗の両端の電圧 E が 15 kV であれば，抵抗 R はいくらか．

(4) (3) において，抵抗 R をコンダクタンス G に変換してコンダクタンスを求めなさい．

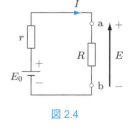

図 2.4

---

† 電流が抵抗を流れると，抵抗の出口の電位は抵抗の入口の電位よりも電流×抵抗だけ低くなること．つぎの 2.4 節で詳しく説明する．

解 (1) $E = RI = 5 \times 2 = 10$ [V]

(2) $I = \dfrac{E}{R} = \dfrac{15}{5000} = 0.003$ [A] $= 3$ [mA]

(3) $R = \dfrac{E}{I} = \dfrac{15000}{10} = 1500$ [Ω] $= 1.5$ [kΩ]

(4) (3) の結果を用いて，$G = 1/R = 1/1500 = 6.67 \times 10^{-4}$ [S] である．または，$I = GE$ から，$G = I/E = 10/15000 = 6.67 \times 10^{-4}$ [S] である．

例題 2.9 20 ℃で抵抗が 15 Ω であるニクロム線に，一定の直流電圧を加えたところ，電流ははじめ 3 A が流れ，少しずつ減少したあと一定となり，ニクロム線の温度は 820 ℃となった．820 ℃でのニクロム線の抵抗の値 R と流れる電流の値 I を求めなさい．ただし，ニクロム線は，温度変化による形状変化がなく，その抵抗率の温度係数 α が 0.0001 ℃$^{-1}$ であるとする．

解 ニクロム線に印加している電圧を E とすると，つぎのとおりである．

$$E = 15 \times 3 = 45 \text{ [V]}$$

820 ℃での抵抗 R は，題意から，

$$R = 15\{1 + 0.0001 \times (820 - 20)\} = 16.2 \text{ [Ω]}$$

であり，820 ℃でのニクロム線に流れる電流 I はつぎのようになる．

$$I = \dfrac{E}{R} = \dfrac{45}{16.2} = 2.78 \text{ [A]}$$

2.4　回路計算の基礎事項

まず，回路を構成する素子の名称および回路計算で使用するおもな技術用語を図 2.5 の回路図で見てみる．bi 間には起電力が E_0 で**内部抵抗**[†] が R_0 の電源があり，bi は電源端子である．起電力の正極側の**端子** b から電流 I_0 が右に流れ出ていき，端子 i

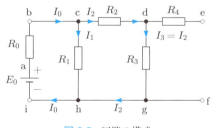

図 2.5　回路の構成

[†] 6.1 節参照.

に同じ電流が戻っている．点 i，h，g，f の間には抵抗や電源などの回路素子がないため，導線で結ばれているので電位は等しく，電気的には一つの点に結ばれているのと同じである．点 c，d，g，h などは三つ以上の回路素子が結ばれている点であり，**接続点**あるいは**節点**とよばれる．接続点を結ぶ回路，たとえば，cd 間，ch 間，dg 間は**枝路**とよばれる．任意の 1 点から同じ枝路は 1 回だけ通ってもとの点に戻るような閉じた回路を**閉回路**(**閉路**)という．閉回路は**網目**あるいは**ループ**ともよばれることがある．図 2.5 では bchib，cdghc，bcdghib が閉回路である．端子 ef は，ef 間に抵抗あるいは導線が接続されておらず，**開放**されているという．開放の反対は**短絡**である．それぞれの例を図 2.6(a) と (b) に示す．図 2.6(a) の開放では，電流 $I = 0$ であり，抵抗 R には電流が流れず，端子 ab 間の**開放電圧** E は左の電圧 E_0 と同じである．

図 2.6(b) の短絡では ab 間が抵抗ゼロの導線で結ばれており，ab 間の電圧 E はゼロとなる．

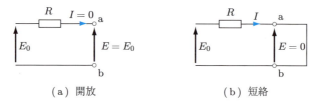

図 2.6 開放と短絡

電圧降下という用語が回路計算ではよく出てくる．これは，電位降下ともいい，電流が抵抗を流れると，抵抗の出口の電位が抵抗の入口の電位よりも電流と抵抗の積だけ低くなることである．

簡単のため図 2.7 の回路を例にとり，図 2.8 とともに電圧降下を調べてみよう．図 2.8 は，回路を横方向に展開し，縦方向に電位を表したものである．電流 I が抵抗 R_0 を a から b の方向に流れていて，R_0 で $R_0 I$ の電圧降下が生じる．したがって，起電力 E_0 の負側の端子 c の電位をゼロとすれば点 a の電位は E_0 であり，点 b の電位

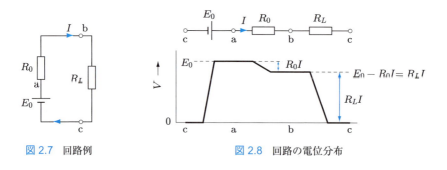

図 2.7 回路例 図 2.8 回路の電位分布

は $E_0 - R_0 I$ となる．同様に，bc 間の**負荷抵抗** R_L での電圧降下は $R_L I$ であり，点 c の電位は点 b の電位より $R_L I$ だけ低い $E_0 - R_0 I - R_L I$ となる．$E_0 - R_0 I - R_L I$ はゼロに等しく，閉回路を一巡してもとの値となっている．

第 7 章以降ではキルヒホッフの法則や種々の回路定理を学ぶが，それまでの回路計算では，

1) オームの法則
2) 電流が枝分かれして流れる電流の合計はもとの電流に等しいこと[†]
3) 枝分かれがなく直列に接続した抵抗には同じ大きさの電流が流れること
4) 並列に接続した抵抗の電圧降下はたがいに等しいこと

を考慮して，電圧と電流，抵抗との間に成り立つ関係式をつくり，その式を解くとよい．2) は，図 2.9 の例では，$I = I_1 + I_2$ である．3) は図 2.10 のとおりであり，すべての抵抗に同じ電流 I が流れる．4) は，図 2.9 の場合，$R_1 I_1 = R_2 I_2$ である．

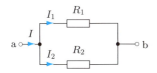

図 2.9　抵抗の並列接続

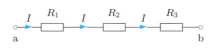

図 2.10　抵抗の直列接続

例題 2.10　図 2.11 のように，並列に接続した抵抗 R_1，R_2 にそれぞれ電流 $I_1 = 5$ A，$I_2 = 10$ A が流れている．$R_1 = 20$ Ω とすれば，R_2 は何オームか．

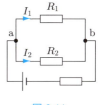

図 2.11

解　題意から，オームの法則によると，抵抗 R_1 に加わる電圧，すなわち ab 間の電圧は $R_1 I_1 = 100$ V であり，この電圧は抵抗 R_2 に加わる電圧 $R_2 I_2 = 10 R_2$ [V] と等しい．したがって，

$$10 R_2 = 100 \quad \therefore R_2 = 10 \ \Omega$$

である．

例題 2.11　図 2.12 のように，直列に接続した抵抗 $R_1 = 10$ Ω，$R_2 = 5$ Ω に電圧が加えられている．抵抗 R_1 の端子 ab 間に加わる電圧 E_1 は 100 V であるという．抵抗 R_2 の端子 bc 間に加わる電圧 E_2 を求めなさい．

[†] 電流は流れ出たものがもとに戻るので理解できよう．これは，第 7 章で学ぶキルヒホッフの第 1 法則である．

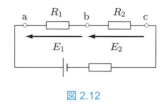

図 2.12

解 題意から，オームの法則によると，抵抗 R_1 に流れる電流は $E_1/R_1 = 10$ A である．この電流が抵抗 R_2 にも流れるので，オームの法則から，抵抗 R_2 に加わる電圧 E_2 はつぎのようになる．

$$E_2 = 10R_2 = 50 \text{ [V]}$$

例題 2.12 図 2.13 のように，二つの抵抗 R_1, R_2 を直列にし，電圧 E を加えてある．スイッチ S を閉じると抵抗 R_3 が R_2 に並列につながり，R_1 に流れる電流は 2 A となる．$E = 310$ V, $R_1 = 80$ Ω, $R_2 = 120$ Ω とする．スイッチ S を開いたときと閉じたときの抵抗 R_2 における電圧降下 E_0 と E_S，および抵抗 R_3 の値を求めなさい．

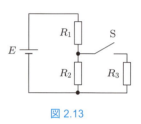

図 2.13

解 S が開いているときに抵抗 R_2 に流れる電流を I_0 とすると，

$$I_0 = \frac{310}{80 + 120} = 1.55 \text{ [A]}$$

であるから，R_2 の電圧降下 E_0 はつぎのようになる．

$$E_0 = R_2 I_0 = 120 \times 1.55 = 186 \text{ [V]}$$

S が閉じているとき，R_1 に流れる電流は 2 A であるから R_1 の電圧降下は 160 V である．R_2 での電圧降下 E_S は電圧 E と R_1 での電圧降下との差であるから，つぎのとおりである．

$$E_S = 150 \text{ V}$$

したがって，R_2 の電流は $150/120 = 1.25$ [A] となり，R_3 の電流は R_1 の電流 2 A との差の 0.75 A であるから，

$$R_3 = \frac{150}{0.75} = 200 \text{ [Ω]}$$

となる．

演習問題

1. つぎの値の抵抗器がある．抵抗値で示されているものはコンダクタンスの値で，コンダクタンスで示されているものは抵抗の値で，それぞれ表しなさい．
    (1) 2 S (2) 0.04 S (3) 0.2 mS (4) 8 Ω (5) 200 kΩ
    (6) 4 mΩ

2. 断面が半径 a [m] の円形である円柱状導体と断面が一辺 a [m] の正方形である四角柱状導体がある．両導体の長さ方向の抵抗が等しいという．円柱状導体の長さの四角柱状導体の長さに対する比を求めなさい．ただし，両導体の抵抗率は等しいものとする．

3. 20 ℃でタングステン線に一定の直流電圧を加えたところ，電流は，少しずつ減少したあと一定の 0.1 A となり，タングステン線は温度が 2020 ℃となった．その温度でのタングステン線の抵抗は 1000 Ω であった．20 ℃のタングステン線の抵抗 R とそこに流れる電流 I を求めなさい．ただし，タングステン線は，温度変化による形状変化がなく，その抵抗率の温度係数 α は 0.005 ℃$^{-1}$ であるとする．

4. それぞれ抵抗値が 3 Ω，R [Ω]，20 Ω の三つの抵抗が直列に接続されていて，一定の電流が流れている．このとき，3 Ω の抵抗にかかる電圧は 15 V であり，抵抗値が R の抵抗にかかる電圧は 50 V であった．抵抗値 R の値と 20 Ω の抵抗にかかる電圧 E をそれぞれ求めなさい．

5. 図 2.14 のように，並列に接続した抵抗 $R_1 = 5$ Ω，$R_2 = 20$ Ω にそれぞれ電流 I_1，I_2 が流れている．$I_1 = 30$ A とすれば，抵抗 R_2 の電流 I_2 は何アンペアか．

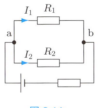

図 2.14

第3章

抵抗の直列接続

この章の目的 ▶▶▶

直列接続した抵抗，あるいはコンダクタンスの大きさの求め方と直列接続した各抵抗に分配(分圧)される電圧の大きさの求め方を学び，さらに，直列接続の応用として電圧計の倍率器についての計算法も学ぶ．

3.1 直列接続とその合成抵抗値

図 3.1 に示すように，抵抗 R_1 と R_2 を，電流 I が連続して共通に流れるように，接続した場合を抵抗の**直列接続**という．電流 I が流れる ac 間の電圧は，それぞれオームの法則から求められる ab 間の電圧 $E_1(=R_1 I)$ と bc 間の電圧 $E_2(=R_2 I)$ との和であり，これは ac 間に加えた電圧 E に等しいから，つぎのようになる．

$$R_1 I + R_2 I = E \tag{3.1}$$

ac 間の抵抗を新たに合成抵抗 R とすれば，

$$RI = E \tag{3.2}$$

であり，式 (3.1), (3.2) から

$$R = R_1 + R_2 \tag{3.3}$$

となる．一般に $R_1, R_2, R_3, \ldots, R_n$ の抵抗を直列接続した場合，合成抵抗 R はつぎのようにそれらの和となる．

$$R = R_1 + R_2 + R_3 + \cdots + R_n$$

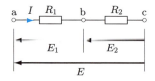

図 3.1 抵抗の直列接続

つぎに，コンダクタンスの直列接続について考えてみる．$R_1 = 1/G_1$，$R_2 = 1/G_2$，$R = 1/G$ の関係を式 (3.3) に代入して整理すると，

$$G = \frac{G_1 G_2}{G_1 + G_2}$$

となる．一般に G_1，G_2，G_3，…，G_n のコンダクタンスを直列接続した場合，合成コンダクタンス G はつぎのようになる．

$$\frac{1}{G} = \frac{1}{G_1} + \frac{1}{G_2} + \frac{1}{G_3} + \cdots + \frac{1}{G_n}$$

例題 3.1 つぎの値を求めなさい．
(1) 直列接続した 1 Ω，50 Ω，10 kΩ の三つの抵抗器の合成抵抗 R
(2) 直列接続したコンダクタンスが 1 S，10 S，50 S の三つの抵抗器の合成抵抗 R
(3) 直列接続した 1 Ω，50 Ω，0.25 S の三つの抵抗器の合成コンダクタンス G

解 (1) $R = 1 + 50 + 10 \times 10^3 = 10051$ [Ω]
(2) コンダクタンスの値の逆数は抵抗値であるから，合成抵抗値 R は各コンダクタンスの逆数の和である．したがって，合成抵抗値 R はつぎのようになる．

$$R = \frac{1}{1} + \frac{1}{10} + \frac{1}{50} = \frac{50 + 5 + 1}{50} = 1.12 \ [\Omega]$$

(3) 合成抵抗値を R とすると，

$$R = 1 + 50 + \frac{1}{0.25} = 55 \ [\Omega]$$

であり，コンダクタンス G に変換するとつぎのようになる．

$$G = \frac{1}{R} \fallingdotseq 0.0182 \ [S]$$

(2) の別解 三つのコンダクタンスの合成コンダクタンスを G とすると，

$$\frac{1}{G} = \frac{1}{1} + \frac{1}{10} + \frac{1}{50} = \frac{56}{50}$$

あるいは，

$$G = \frac{1 \times 10 \times 50}{1 \times 10 + 10 \times 50 + 50 \times 1} = \frac{500}{560}$$

であり，合成抵抗値 R はつぎのようになる．

$$R = \frac{56}{50} = 1.12 \ [\Omega]$$

3.2 直列接続における電圧分配

つぎに，直列接続した抵抗の両端に電圧 E を加えた場合，それぞれの抵抗にはどのような電圧が分圧されるかを，図 3.2 に示す三つの抵抗の場合を例にとって考えてみる．

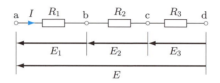

図 3.2 直列接続における電圧分配

各抵抗には同じ大きさの電流 I が流れており，ab 間，bc 間，cd 間の電圧はそれぞれ $E_1 = R_1 I$, $E_2 = R_2 I$, $E_3 = R_3 I$ である．ここで，電流 I は，

$$I = \frac{E}{R_1 + R_2 + R_3}$$

であるので，各抵抗に分圧される電圧はつぎのようになる．

$$E_1 = \frac{R_1 E}{R_1 + R_2 + R_3}, \quad E_2 = \frac{R_2 E}{R_1 + R_2 + R_3}$$
$$E_3 = \frac{R_3 E}{R_1 + R_2 + R_3} \tag{3.4}$$

また，

$$E_1 : E_2 : E_3 = R_1 : R_2 : R_3 \tag{3.5}$$

であり，電圧は各抵抗の大きさに比例してそれぞれ分圧されるのである．

一般に R_1, R_2, R_3, ..., R_n の抵抗を直列接続した場合，各抵抗に分圧される電圧は，

$$E_1 = \frac{R_1 E}{R_1 + R_2 + \cdots + R_n}, \quad E_2 = \frac{R_2 E}{R_1 + R_2 + \cdots + R_n},$$
$$\cdots, \quad E_n = \frac{R_n E}{R_1 + R_2 + \cdots + R_n} \tag{3.6}$$

$$E_1 : E_2 : \cdots : E_n = R_1 : R_2 : \cdots : R_n \tag{3.7}$$

である．式 (3.4)～(3.7) のように直列抵抗で全体の電圧が分圧されることを，本書では**電圧の分配則**とよぶことにする．

3.2 直列接続における電圧分配

例題 3.2 15 Ω, 75 Ω, 50Ω の三つの抵抗を直列に接続して, これに電圧を加えたところ, 15 Ω の抵抗の電圧降下が 60 V であった. この回路に流れる電流 I と加えた電圧 E を求めなさい.

解 15 Ω の抵抗における電圧降下が 60 V であるので, この抵抗に流れる電流は 4 (= 60/15) A であり, これが回路に流れる電流 I であるから,

$$I = 4 \text{ A}$$

である. この電流 I が三つの直列接続の抵抗に流れるので, 加えた電圧 E は,

$$E = 4(15 + 75 + 50) = 560 \text{ [V]}$$

である. なお, 電圧 E は電圧の分配則からつぎのようにも求められる.

$$E = 60 \times \frac{15 + 75 + 50}{15} = 560 \text{ [V]}$$

例題 3.3 最大目盛が 150 V の二つの直流電圧計 A と B を直列接続し, 両端に直流 250 V の電圧を加えた. 二つの電圧計の指示はいくらか. ただし, 電圧計の内部抵抗は A が 15000 Ω, B が 10000 Ω である.

解 各電圧計に分圧される電圧が各電圧計の指示である. 250 V が各電圧計の内部抵抗の比で分圧されるから, 内部抵抗が 15000 Ω の電圧計 A に加わる電圧は

$$250 \times \frac{15000}{15000 + 10000} = 150 \text{ [V]}$$

であり, 内部抵抗が 10000 Ω の電圧計 B に加わる電圧は

$$250 \times \frac{10000}{15000 + 10000} = 100 \text{ [V]}$$

である.

例題 3.4 図 3.3 のように, 電圧計と電流計を用いて抵抗 R を測定するものとする. ab 間の電圧を一定に保つものとし, スイッチ S を開くと電流計は 4 A を示し, 閉じると電圧計は 122 V, 電流計は 8 A を示すという. 電流計の内部抵抗を 0.5 Ω とすれば, 抵抗 R の値はいくらか.

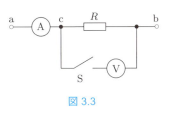

図 3.3

解 スイッチが開いているときに ab 間の電流が 4 A であるから, ab 間に加えられている電圧は $4(0.5 + R)$ [V] である.

閉じると, cb 間の電圧が 122 V であり, 電流計のある ac 間の電圧降下が 0.5×8 [V] となるから, ab 間の電圧はこれらの和の 126 V となる. これが $4(0.5 + R)$ [V] と等しいので,

$$4(0.5 + R) = 126$$

であり，抵抗 R はつぎのように求められる．

$$R = 31\ \Omega$$

例題 3.5 図 3.4 のように，六つの抵抗からなる回路に起電力 E_0 が加えられている．図に示す電圧 E_1, E_2, E_3 をそれぞれ求めなさい．

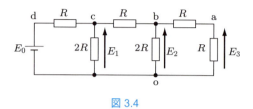

図 3.4

解 枝路 bao を見ると，抵抗値の等しい二つの直列抵抗の一方にかかっている電圧が E_3 であるので，電圧の分配則から，もう一つの ba 間の抵抗にも電圧 E_3 がかかる．したがって，枝路 bao の電圧は $2E_3$ であり，この電圧は枝路 bo の電圧 E_2 と等しいので，つぎの関係がある．

$$E_2 = 2E_3 \tag{1}$$

枝路 bao の合成抵抗 $2R$ と枝路 bo の抵抗 $2R$ は並列接続であるので，この合成抵抗は R である．すなわち，bo 間の合成抵抗 R に電圧 E_2 がかかっていることになる．したがって，この合成抵抗と直列の cb 間の抵抗 R にかかる電圧も E_2 であり，cbo 間の電圧は $2E_2$ である．この電圧は co 間の電圧 E_1 に等しいので，

$$E_1 = 2E_2 \tag{2}$$

となる．co 間の抵抗 $2R$ の右側の合成抵抗は $2R$ であるので，同様に，dc 間の抵抗 R にかかる電圧は E_1 となり，つぎの式が成り立つ．

$$E_0 = 2E_1 \tag{3}$$

したがって，式 (3) から，

$$E_1 = \frac{E_0}{2}$$

となり，この結果を式 (2) に代入すると，

$$E_2 = \frac{E_0}{4}$$

が得られ，この結果をさらに式 (1) に代入して，次式が得られる．

$$E_3 = \frac{E_0}{8}$$

例題 3.6 図 3.5 の回路において，端子 ab 間にあらわれている電圧 E を求めなさい．

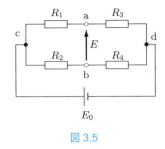

図 3.5

解 端子 ab 間の電圧は端子 a の電位と端子 b の電位の差である．a と b はそれぞれ抵抗 R_3 と抵抗 R_4 を介して共通の端子 d に接続されているので，a と b の電位はそれぞれ d に対する電位差，すなわち ad 間の電圧 E_{ad} と bd 間の電圧 E_{bd} としてもよい．なお，ここで，a と b の電位は d の電位よりも高く，また，図に示すように，a の電位は b の電位より高い．したがって，E はつぎのようになる．

$$E = E_{\mathrm{ad}} - E_{\mathrm{bd}}$$

直列接続の抵抗 R_1 と R_3 に電圧 E_0 が加わっているので，電圧の分配則から，R_3 にかかる電圧 E_{ad} は，

$$E_{\mathrm{ad}} = \frac{R_3 E_0}{R_1 + R_3}$$

である．同様に，R_4 にかかる電圧 E_{bd} はつぎのようになる．

$$E_{\mathrm{bd}} = \frac{R_4 E_0}{R_2 + R_4}$$

したがって，

$$E = \frac{R_3 E_0}{R_1 + R_3} - \frac{R_4 E_0}{R_2 + R_4} = \frac{(R_2 R_3 - R_4 R_1) E_0}{(R_1 + R_3)(R_2 + R_4)}$$

となる．

参考 抵抗 R_1, R_2 にかかる電圧 E_{ca}, E_{cb} からも求められる．この場合，共通端子 c の電位が E_0 であり，$E_0 - E_{\mathrm{ca}}$ と $E_0 - E_{\mathrm{cb}}$ がそれぞれ a と b の電位となる．

解 と同じように，E_{ca} と E_{cb} は電圧の分配則からつぎのように求められる．

$$E_{\mathrm{ca}} = \frac{R_1 E_0}{R_1 + R_3}$$

$$E_{\mathrm{cb}} = \frac{R_2 E_0}{R_2 + R_4}$$

したがって，

$$E = E_0 - E_{\mathrm{ca}} - (E_0 - E_{\mathrm{cb}}) = E_{\mathrm{cb}} - E_{\mathrm{ca}}$$
$$= \frac{R_2 E_0}{R_2 + R} - \frac{R_1 E_0}{R_1 + R_3} = \frac{(R_2 R_3 - R_4 R_1) E_0}{(R_1 + R_3)(R_2 + R_4)}$$

となる．なお，電源の負側の共通端子を基準にして電位を考える **解** のほうが単純であり考えやすい．

3.3 倍率器

抵抗の直列接続による分圧の考え方は，電圧計の**倍率器**に適用できる．図 3.6 では，**内部抵抗**が r_0 で**最大目盛**(あるいは**定格**)が E_0 である電圧計に抵抗 r_m の倍率器を直列接続することによって，より高い電圧 $E(>E_0)$ を測定できるようにしてある．以下，この測定可能な最大の電圧 E を求める．

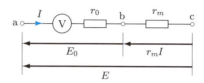

図 3.6　倍率器のはたらき(電圧計の外に電圧計の内部抵抗を示している)

図 3.6 は電圧計が最大目盛を指す場合を示してあり，このときの電流 I は E_0 を内部抵抗 r_0 で割った値，すなわち，電圧計に流すことのできる最大電流に等しい．したがって，

$$I = \frac{E_0}{r_0}$$

であり，また，

$$E = E_0 + r_m I$$

であるから，つぎの関係が得られる．

$$E = E_0\left(1 + \frac{r_m}{r_0}\right)$$

すなわち，$r_m E_0 / r_0$ だけ高い電圧まで測定できることになる．E/E_0 は倍率器の倍率 n とよばれ，つぎのようになる．

$$n = 1 + \frac{r_m}{r_0}$$

例題 3.7　つぎの文章で，正しいものには○印を，間違っているものには×印をつけなさい．

(1) 抵抗値の異なる抵抗を直列接続した場合，各抵抗を流れる電流はそれぞれの抵抗値に応じて異なる値をとり，この結果として各直列抵抗に電圧降下に基づく電圧分布が形成される．

(2) 直列接続した抵抗の両端に電圧を加えた場合，各抵抗に分圧される電圧は各抵抗の大きさに比例する．

(3) 倍率器は電圧計に並列に接続され，測定する電圧の範囲を広げるものであり，抵抗から構成されている．

解 (1) ×   (2) ○   (3) ×

例題 3.8 内部抵抗が 22 kΩ で，最大目盛が 220 V の電圧計に倍率器をつなぎ，720 V までの電圧が測れるようにしたい．倍率器の抵抗 r_m はいくらにしたらよいか．

解 図 3.7 では電圧計の外にその内部抵抗を示してある．図に示すように，抵抗 r_m の倍率器を電圧計に直列に接続し，全体に 720 V を加えたときに電圧計に 220 V が分圧されるようにすればよいわけである．この場合，電圧計に流れる電流は $220/22000 = 0.01$ [A] であり，倍率器の抵抗に分圧される電圧は $500(= 720 - 220)$ V となる．倍率器にも 0.01 A の電流が流れるので，倍率器での電圧降下は $0.01 \times r_m$ [V] であり，500 V に等しい．したがって，

$$0.01 \times r_m = 500 \quad \therefore \quad r_m = 50 \text{ k}\Omega$$

である．

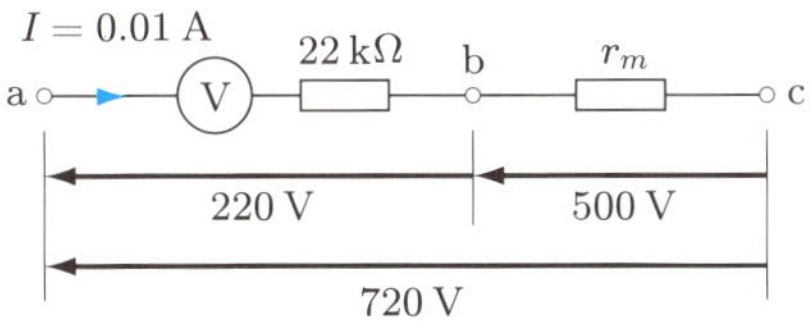

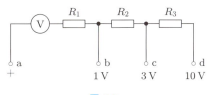

図 3.7

別解 電圧計に流せる電流の最大は題意から $220/22000 = 0.01$ [A] であり，この電流が直列接続となっている電圧計の内部抵抗 22 kΩ と倍率器の抵抗 r_m に流れる．これらの電圧降下が 720 V であるから，つぎの式が成り立つ．

$$0.01 \times (22000 + r_m) = 720 \quad \therefore \quad r_m = 50 \text{ k}\Omega$$

例題 3.9 図 3.8 に示すように，内部抵抗が 0.5 Ω であり，流れる電流が 0.1 mA のとき最大目盛を示すメーターと，三つの抵抗の直列回路とから構成されている電圧測定器がある．端子 ab 間，ac 間，ad 間でそれぞれ 1 V，3 V，10 V までの電圧

図 3.8

が測定できるようにするための抵抗 R_1, R_2, R_3 の値を求めなさい．

解 ab 間に 1 V の電圧を加えると 0.1 mA の電流が流れ，同様に，それぞれ ac 間に 3 V，ad 間に 10 V を加えるといずれも 0.1 mA の電流が流れればよいので，オームの法則からつぎの関係式が成り立つ．

$$(0.5 + R_1) \times 0.0001 = 1 \tag{1}$$

$$(0.5 + R_1 + R_2) \times 0.0001 = 3 \tag{2}$$

$$(0.5 + R_1 + R_2 + R_3) \times 0.0001 = 10 \tag{3}$$

式 (1) から，

$$R_1 = 9999.5 \ \Omega$$

であり，これを式 (2) に代入すると，

$$R_2 = 20000 \ \Omega$$

が得られ，さらに R_1, R_2 の値を式 (3) に代入するとつぎの値が得られる．

$$R_3 = 70000 \ \Omega$$

別解 ad 間に 10 V を加えたときに，ab 間に 1 V，ac 間に 3 V が加わればよい．このことは，電圧計の内部抵抗と抵抗 R_1 の直列に加わる電圧が 1 V，抵抗 R_2 に加わる電圧が 2 V，抵抗 R_3 に加わる電圧が 7 V のように 10 V が分圧されるので，直列接続の抵抗における電圧の分配則により，つぎの式が成り立つ．

$$(0.5 + R_1) : R_2 : R_3 = 1 : 2 : 7 \tag{4}$$

題意から，ab 間に 1 V の電圧を加えると 0.1 mA の電流が流れることになるので，式 (1) が成立する．式 (1) から，

$$R_1 = 9999.5 \ \Omega$$

であり，この結果を式 (4) に代入すると次式を得る．

$$\frac{0.5 + R_1}{R_2} = \frac{10000}{R_2} = \frac{1}{2}, \quad \frac{0.5 + R_1}{R_3} = \frac{10000}{R_3} = \frac{1}{7}$$

したがって，つぎの値が得られる．

$$R_2 = 20000 \ \Omega$$

$$R_3 = 70000 \ \Omega$$

演習問題

1. つぎの値を求めなさい．
   (1) 直列接続した 80 Ω，0.05 S，900 Ω の三つの抵抗器の合成コンダクタンス
   (2) 直列接続した 1 S，50 S，100 S の三つの抵抗器の合成抵抗
   (3) 直列接続した 6 Ω，50 Ω，0.25 S の三つの抵抗器の合成抵抗

2. 30 Ω，50 Ω，120 Ω の三つの抵抗を直列に接続して，この両端に 100 V の電圧を加えた．流れる電流 I と各抵抗にかかる電圧 E_{30}，E_{50}，E_{120} を求めなさい．

3. 図 3.9 の回路において，端子 ab 間にあらわれている開放電圧 E_3 が 65 V である．電圧 E_1，E_2，抵抗 R_2 を求めなさい．ただし，$E_0 = 100$ V，$R_0 = 10$ Ω，$R_1 = 60$ Ω とする．

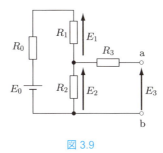

図 3.9

4. 一定電圧の電源に内部抵抗が不明の電圧計を接続したところ，指示 E_1 [V] を得た．つぎに，抵抗 R [Ω] の倍率器を電圧計に接続して同じ電源に接続したら，指示 E_2 [V] を得たという．この電圧計の内部抵抗を求めなさい．

5. 図 3.10 に示すように，可変抵抗器が電圧 E_0 [V] の電源に接続されている．ab 間の抵抗は R_1 [Ω]，ac 間の抵抗は R_2 [Ω] である．図に示す ab 間の電圧 E_{ab} と ac 間の電圧 E_{ac} を求めなさい．

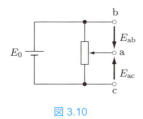

図 3.10

第4章

抵抗の並列接続

> **この章の目的** ▶▶▶
>
> 並列接続した抵抗あるいはコンダクタンスの大きさの求め方と並列接続した各抵抗に分流する電流の大きさの求め方を学び，さらに，並列接続の応用として電流計の分流器についての計算法も学ぶ．

4.1　並列接続とその合成抵抗値

図 4.1 に示すように，抵抗 R_1 と抵抗 R_2 とを，同じ電圧が加わるように一対の共通の端子に接続した場合を抵抗の**並列接続**という．抵抗 R_1 と抵抗 R_2 とに加わる電圧を E とすれば，端子 ab 間に流れる全電流 I はつぎのようになる．

$$I = \frac{E}{R_1} + \frac{E}{R_2} \tag{4.1}$$

ここで，ab 間の合成抵抗を R とおくと，

$$I = \frac{E}{R} \tag{4.2}$$

であり，式 (4.1), (4.2) からつぎの関係式が得られる．

$$\frac{1}{R} = \frac{1}{R_1} + \frac{1}{R_2}$$

したがって，合成抵抗 R はつぎのように求められる．

$$R = \frac{R_1 R_2}{R_1 + R_2} \tag{4.3}$$

一般に，R_1, R_2, R_3, ..., R_n の抵抗を並列接続した場合，合成抵抗値 R はつぎの関係から求められる．

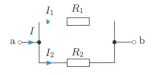

図 4.1　抵抗の並列接続

$$\frac{1}{R} = \frac{1}{R_1} + \frac{1}{R_2} + \frac{1}{R_3} + \cdots + \frac{1}{R_n}$$

とくに，R_1，R_2，R_3 の三つの抵抗を並列接続した場合の合成抵抗値 R は，

$$R = \frac{R_1 R_2 R_3}{R_1 R_2 + R_2 R_3 + R_3 R_1}$$

である．

つぎに，**コンダクタンス**の並列接続について考えてみる．$R_1 = 1/G_1$，$R_2 = 1/G_2$，$R = 1/G$ の関係を式 (4.3) に代入し，整理すると，

$$G = G_1 + G_2$$

となる．一般に G_1，G_2，G_3，…，G_n のコンダクタンスを並列接続した場合，合成コンダクタンス G はつぎのようになる．

$$G = G_1 + G_2 + G_3 + \cdots + G_n$$

例題 4.1 つぎの文章で，正しいものには○印を，間違っているものには×印をつけなさい．
(1) 並列接続した抵抗の合成抵抗値は，それぞれの抵抗のどの抵抗の抵抗値よりも低い．
(2) 同じ値の n 個の抵抗を並列に接続した合成抵抗値は 1 個の抵抗の $1/n$ になる．
(3) 抵抗値の異なる抵抗を並列接続して電流を流した場合，各抵抗の両端にあらわれる電圧降下はそれぞれの抵抗値に応じて異なる．
(4) 並列接続したコンダクタンスの合成コンダクタンスの値は各コンダクタンスの和である．

解 (1) ○ (2) ○ (3) × (4) ○

例題 4.2 図 4.2 に示すそれぞれの回路の ab 間の各合成抵抗値 R を求めなさい．

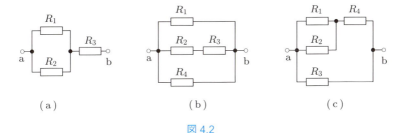

図 4.2

ただし，$R_1 = 20\ \Omega,\ R_2 = 30\ \Omega,\ R_3 = 10\ \Omega,\ R_4 = 8\ \Omega$ とする．

解 図 4.2(a) では，

$$R = \frac{R_1 R_2}{R_1 + R_2} + R_3 = 22\ [\Omega]$$

となる．図 4.2(b) では，

$$R = \frac{R_1(R_2 + R_3)R_4}{R_1(R_2 + R_3) + (R_2 + R_3)R_4 + R_4 R_1} = 5\ [\Omega]$$

となる．図 4.2(c) では，

$$R = \frac{R_3 \left(\dfrac{R_1 R_2}{R_1 + R_2} + R_4 \right)}{R_3 + \dfrac{R_1 R_2}{R_1 + R_2} + R_4} = 6.66\ [\Omega]$$

となる．

(b) の別解 三つの並列コンダクタンスとして考える．

$$\frac{1}{R} = \frac{1}{R_1} + \frac{1}{R_2 + R_3} + \frac{1}{R_4} = \frac{1}{20} + \frac{1}{40} + \frac{1}{8} = 0.2\ [S] \qquad \therefore R = 5\ \Omega$$

例題 4.3 図 4.3 の回路の端子 ab からみた合成抵抗を求めなさい．

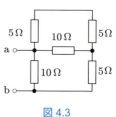

図 4.3

解 上のほうにある二つの 5 Ω と 10 Ω が並列であるので，この部分の合成抵抗は 5 Ω となり，この 5 Ω が右下の 5 Ω と直列であるから，この合成抵抗は 10 Ω となる．この 10 Ω が左下の 10 Ω と並列であるので，ab からみた合成抵抗値は 5 Ω となる．

例題 4.4 図 4.4 の回路の端子 ac 間に 10 V の電圧を加えた．つぎの問に答えなさい．

(1) ac 間に流れる電流 I を求めなさい．
(2) bc 間の電圧降下を求めなさい．

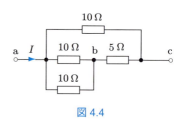

図 4.4

解 (1) ac 間の合成抵抗をまず求める．ab 間の 10 Ω の二つの並列抵抗は 5 Ω となり，これと bc 間の 5 Ω の抵抗が直列であるので，その合成抵抗は 10 Ω となる．この 10 Ω が回路の上の 10 Ω と並列になるので，ac 間の合成抵抗は 5 Ω である．ac 間の電圧が 10 V であるので，ac 間に流れる電流 I は 2 A である．

(2) abc を経由する ac 間の抵抗は 10 Ω であるから，5 Ω の抵抗を流れる電流は

$10/10 = 1$ [A] である．したがって，bc 間の電圧降下は $5 \times 1 = 5$ [V] である．

(2) の別解　bc 間の 5 Ω の抵抗と直列接続となる ab 間の合成抵抗は 5 Ω であるので，bc 間の電圧降下は ac 間の電圧の半分の 5 V である．

例題 4.5　図 4.5 の回路の端子 ab からみた合成抵抗値 R_0 を求めなさい．

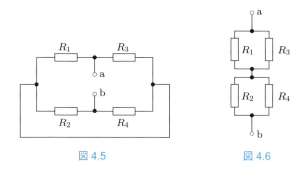

図 4.5　　　　図 4.6

解　図 4.5 の回路は図 4.6 のように描き換えができる．ab 間の抵抗 R_0 はつぎのようになる．

$$R_0 = \frac{R_1 R_3}{R_1 + R_3} + \frac{R_2 R_4}{R_2 + R_4}$$

例題 4.6　図 4.7(a) の回路の ab 間の合成抵抗値 R を求めなさい．

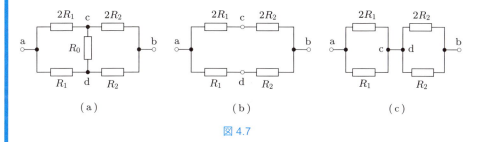

図 4.7

解　ac 間と cb 間の抵抗の比は ad 間と db 間の抵抗の比と同じである．したがって，ab 間に電源をつなぐと，ac 間と ad 間の電圧は等しく，c と d の電位が等しい．このため，cd 間の抵抗 R_0 には電流が流れず，cd 間を開放（図 4.7(b)）しても，あるいは，短絡（図 4.7(c)）しても電流分布に変化を与えないので，図 4.7(b) あるいは図 (c) の回路を使って合成抵抗を求めることができる．

図 (b) の回路では，つぎのように合成抵抗が求められる．

$$R = \frac{(2R_1 + 2R_2)(R_1 + R_2)}{2R_1 + 2R_2 + R_1 + R_2} = \frac{2(R_1 + R_2)}{3}$$

図 (c) の回路では，つぎのように合成抵抗が求められる．

$$R = \frac{2R_1{}^2}{3R_1} + \frac{2R_2{}^2}{3R_2} = \frac{2(R_1+R_2)}{3}$$

なお，R は R_0 に関係なく，R_1 と R_2 だけで決まる値をもつことがわかる．ab 間に電源を接続すると，電流は acb および adb を流れ，cd 間には流れないのである．

例題 4.7 図 4.8 のように 12 個の抵抗 R からなる回路の端子 ab からみた合成抵抗値 R_0 を求めなさい．

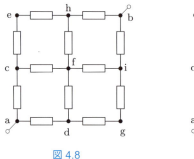

図 4.8

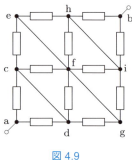

図 4.9

解 ab 間に電圧を加えた場合，回路の対称性から点 c と点 d は等電位，また，点 e, f, g はたがいに等電位，さらに，点 h と点 i は等電位である．したがって，図 4.9 のように，cd 間，efg 間，hi 間はそれぞれ短絡できるので，求める抵抗 R_0 は，二つの並列抵抗と四つの並列抵抗，四つの並列抵抗，二つの並列抵抗を直列にしたものとなる．したがって，

$$R_0 = \frac{R}{2} + \frac{R}{4} + \frac{R}{4} + \frac{R}{2} = \frac{3R}{2}$$

となる．

例題 4.8 図 4.10 のように無限につながる抵抗の端子 ab からみた合成抵抗値 R_0 を求めなさい．

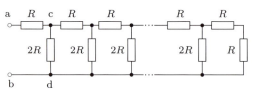

図 4.10

解 右端から，二つの直列抵抗とそれに並列の一つの抵抗を順次合成していく場合，その合成抵抗は R であり，つぎに直列接続となる R との和が $2R$ となる．この状況は最終的

に左端の端子 ab へ到達しても同じであるから，$R_0 = 2R$ である．

別解 抵抗が無限につながっているので，一組の抵抗である ac 間の抵抗と cd 間の抵抗を取り除いても求める抵抗値は不変である．したがって，二つの抵抗を取り除いて cd 間からみた抵抗値も R_0 である．ゆえに，ab からみた抵抗 R_0 は，$2R$ の抵抗と R_0 の抵抗の並列接続に R が直列につながった値に等しい．すなわち，

$$R_0 = \frac{2RR_0}{2R + R_0} + R$$

であり，整理するとつぎのようになる．

$$R_0{}^2 - RR_0 - 2R^2 = 0$$

これを解くと，負の値は抵抗値としてあり得ないので除き，つぎのように求められる．

$$R_0 = 2R$$

なお，図の右端の抵抗値が $2R$ でも，ab からみた合成抵抗値は同じである．

例題 4.9 図 4.11 のように無限につながる抵抗の端子 ab からみた合成抵抗値 R_0 を求めなさい．

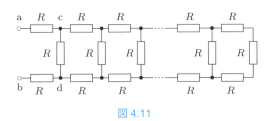

図 4.11

解 前問の別解と同じように解く．無限に接続されているので，一組の抵抗である ac 間と cd 間，bd 間の抵抗を取り除いても求める抵抗値は不変である．したがって，cd 間から右には抵抗 R_0 がつながっているとしてよいので，つぎの式が成り立つ．

$$R_0 = \frac{R_0 R}{R_0 + R} + 2R$$

整理するとつぎのようになる．

$$R_0{}^2 - 2RR_0 - 2R^2 = 0$$

これを解くと，負の値は抵抗値としてあり得ないので除き，つぎのようになる．

$$R_0 = (1 + \sqrt{3})R$$

例題 4.10 図 4.12 のように辺が針金で構成された立方体の相対する頂点 a と h に設けた端子 PQ 間からみた合成抵抗 R を求めなさい．ただし，一つの辺の針金の抵抗を r とする．

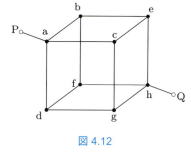

図 4.12

解 端子 PQ 間に電圧 E を加え，P から Q に電流 I が流れ込むとする．接続点 a で電流は三つに分かれ，その先の接続点 b, c, d でさらに二つに分かれる．そのあと，接続点 e, f, g で 2 方向からの電流が合流し，さらに，それらが接続点 h で 3 方向から合流し，I となって Q に流れ出る．この場合，立方体の対称性から電流は等しく分かれ，また，合流するときも等しい電流が集まるので，電流の分布は図 4.13 のようになる．したがって，P から Q までの電圧降下は，たとえば，adgh の経路をたどれば，つぎのとおりである．

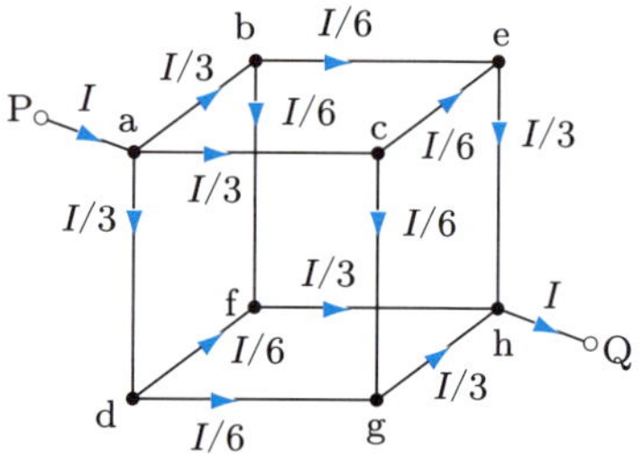

$$r \times \frac{I}{3} + r \times \frac{I}{6} + r \times \frac{I}{3} = \frac{5rI}{6}$$

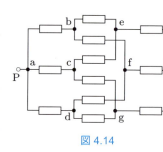

図 4.13

これは加えた電圧 E に等しいから，

$$E = \frac{5rI}{6}$$

となり，合成抵抗 R は E/I であるから，つぎのようになる．

$$R = \frac{5r}{6}$$

別解 PQ 間の**等価回路**を描くと，図 4.14 のようになる．各抵抗の値は r であり，電流は接続点 a から h にいたる各段階で等しいので，接続点 b, c, d の電位はたがいに等しく，また，e, f, g の電位もたがいに等しい．このため，b, c, d の接続点は導線で結んでもよい．e, f, g の接続点も同様に結ぶことができる．ゆえに，ah 間の抵抗は（三つの並列抵抗値）＋（六つの並列抵抗値）＋（三つの並列抵抗値）であり，R はつぎのとおりとなる．

$$R = \frac{r}{3} + \frac{r}{6} + \frac{r}{3} = \frac{5r}{6}$$

図 4.14

4.2 並列接続における電流分配

並列接続した各抵抗(すなわち,枝路)にはどのような大きさの電流が流れるかを調べる.まず,図 4.15 に示す二つの抵抗の場合を取り上げる.a から流入した電流 I が二つに分かれて I_1,I_2 がそれぞれ抵抗 R_1,R_2 に流れる.したがって,

$$I = I_1 + I_2 \tag{4.4}$$

であり,また,抵抗 R_1,R_2 に加わる電圧は等しいから,つぎのようになる.

$$R_1 I_1 = R_2 I_2 \tag{4.5}$$

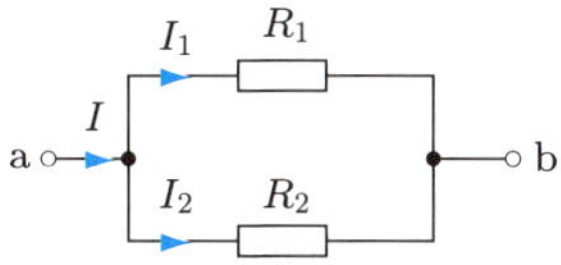

図 4.15

式 (4.4), (4.5) を連立して解くと,それぞれの抵抗に**分流**する電流の大きさはつぎのように求められる.

$$I_1 = \frac{R_2 I}{R_1 + R_2}, \qquad I_2 = \frac{R_1 I}{R_1 + R_2} \tag{4.6}$$

$$I_1 : I_2 = R_2 : R_1 = \frac{1}{R_1} : \frac{1}{R_2} \tag{4.7}$$

$R_1 = 1/G_1$,$R_2 = 1/G_2$ とおいて,式 (4.6), (4.7) をコンダクタンスで示すと,つぎのようになる.

$$I_1 = \frac{G_1 I}{G_1 + G_2}, \qquad I_2 = \frac{G_2 I}{G_1 + G_2} \tag{4.8}$$

$$I_1 : I_2 = G_1 : G_2 \tag{4.9}$$

つぎに,図 4.16 に示す三つの抵抗の場合についても同様にして,

$$I = I_1 + I_2 + I_3$$

$$R_1 I_1 = R_2 I_2 = R_3 I_3$$

であり,枝路に流れる電流はそれぞれつぎのようになる.

$$I_1 = \frac{R_2 R_3 I}{R_1 R_2 + R_2 R_3 + R_3 R_1}, \qquad I_2 = \frac{R_3 R_1 I}{R_1 R_2 + R_2 R_3 + R_3 R_1}$$
$$I_3 = \frac{R_1 R_2 I}{R_1 R_2 + R_2 R_3 + R_3 R_1} \tag{4.10}$$

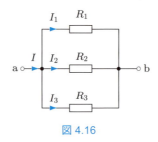

図 4.16

$$I_1 : I_2 : I_3 = \frac{1}{R_1} : \frac{1}{R_2} : \frac{1}{R_3} \tag{4.11}$$

$R_1 = 1/G_1$, $R_2 = 1/G_2$, $R_3 = 1/G_3$ とおいて, 式 (4.10), (4.11) をコンダクタンスで示すとつぎのようになる.

$$I_1 = \frac{G_1 I}{G_1 + G_2 + G_3}, \quad I_2 = \frac{G_2 I}{G_1 + G_2 + G_3},$$
$$I_3 = \frac{G_3 I}{G_1 + G_2 + G_3} \tag{4.12}$$

$$I_1 : I_2 : I_3 = G_1 : G_2 : G_3 \tag{4.13}$$

一般に, 抵抗 R_1, R_2, R_3, ..., R_n を並列接続した場合, 各抵抗に分流する電流の比は,

$$I_1 : I_2 : \cdots : I_n = \frac{1}{R_1} : \frac{1}{R_2} : \cdots : \frac{1}{R_n} \tag{4.14}$$

であり, コンダクタンスで表すと, 各電流はつぎのとおりとなる.

$$I_1 = \frac{G_1 I}{G_1 + G_2 + \cdots + G_n}, \quad I_2 = \frac{G_2 I}{G_1 + G_2 + \cdots + G_n},$$
$$\cdots, \quad I_n = \frac{G_n I}{G_1 + G_2 + \cdots + G_n}$$
$$\tag{4.15}$$

$$I_1 : I_2 : \cdots : I_n = G_1 : G_2 : \cdots : G_n \tag{4.16}$$

式 (4.6)・(4.10) のように, 枝路への電流の分流量を定める式を**電流の分配則**とよぶことにする.

4.2 並列接続における電流分配

例題 4.11 図 4.17 の回路で抵抗 R_0, R_1, R_2 にそれぞれ流れる電流 I_0, I_1, I_2 を求めなさい。ただし，$E_0 = 100$ V，$R_0 = 8$ Ω，$R_1 = 20$ Ω，$R_2 = 30$ Ω とする。

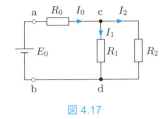

図 4.17

解 電流 I_0 は電源 E_0 により ab の右側の合成抵抗に流れる電流であるから，この合成抵抗を R とすれば，つぎのようになる。

$$I_0 = \frac{E_0}{R} \tag{1}$$

R は，R_1 と R_2 の並列接続に R_0 が直列に接続されたものであるから，つぎのようになる。

$$R = R_0 + \frac{R_1 R_2}{R_1 + R_2} \tag{2}$$

したがって，式 (2) を式 (1) に代入して数値を入れると，つぎのようになる。

$$I_0 = \frac{E_0}{R_0 + \dfrac{R_1 R_2}{R_1 + R_2}} = \frac{100}{20} = 5 \ [\text{A}]$$

つぎに，電流 I_0 が並列抵抗 R_1 と R_2 とに分かれて流れるので，電流の分配則から，I_1, I_2 はそれぞれつぎのように求められる。

$$I_1 = \frac{I_0 R_2}{R_1 + R_2} = 5 \times \frac{30}{50} = 3 \ [\text{A}], \qquad I_2 = \frac{I_0 R_1}{R_1 + R_2} = 5 \times \frac{20}{50} = 2 \ [\text{A}]$$

例題 4.12 図 4.18 の回路で，端子 ab 間に電圧 20 V を加えたところ，5 A の電流が流れた。抵抗 R_1, R_2 に流れる電流の比を 1 : 2 とするためには，抵抗 R_1, R_2 の値をいくらにしたらよいか。

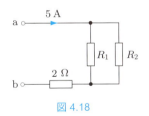

図 4.18

解 並列接続の抵抗に流れる電流は抵抗に反比例するので，題意からつぎの関係が成り立つ。

$$1 : 2 = \frac{1}{R_1} : \frac{1}{R_2} \qquad \therefore \ R_2 = \frac{R_1}{2} \tag{1}$$

抵抗 R_1 には 5 A の 1/3 が流れるので，この抵抗における電圧降下は $5R_1/3$ である。したがって，ab 間の電圧降下は，$5R_1/3 + 5 \times 2$ [V] であり，これは 20 V に等しいので，つぎの式が成り立つ。

$$\frac{5R_1}{3} + 10 = 20 \tag{2}$$

式 (1)，(2) から，R_1 と R_2 はつぎのようになる。

$$R_1 = 6 \ \text{Ω}, \qquad R_2 = 3 \ \text{Ω}$$

例題 4.13
図 4.19 のように，電源 E が抵抗からなる回路に接続されている．bc 間にある三つの並列接続抵抗の合成抵抗値は $100/11\ \Omega$ である．また，抵抗 R_1，R_2 にそれぞれ流れる電流は 5 A，1 A である．この条件のもとで，抵抗 R_1，R_2 および電圧 E を求めなさい．

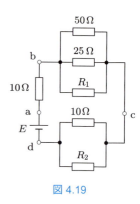

図 4.19

解 三つの並列抵抗の合成抵抗値が $100/11\ \Omega$ であるから，

$$\frac{50 \times 25 \times R_1}{50 \times 25 + 25 \times R_1 + 50 \times R_1} = \frac{100}{11}$$

であり，$R_1 = 20\ \Omega$ となる．この R_1 に 5 A が流れるから，bc 間の電圧降下は 100 V である．したがって，抵抗 50 Ω と 25 Ω に流れる電流はそれぞれ 2 A，4 A であり，電源を流れる電流は 11 A である．

1 A が抵抗 R_2 に流れるので，10 Ω の抵抗には 10 A の電流が流れる．したがって，$R_2 = 100\ \Omega$ である．電圧 E は，つぎの式から求められる．

$$E = 10 \times 11 + 5 \times R_1 + 1 \times R_2 = 310\ [\text{V}]$$

別解 三つの並列抵抗部をコンダクタンスに変換して R_1 を求めることにする．上からコンダクタンスは 0.02 S，0.04 S，G_1 [S] であり，bc 間にある三つの並列接続抵抗の合成抵抗値が $100/11\ \Omega$ であるので，コンダクタンスに変換すると次式が成り立つ．

$$G_1 + 0.02 + 0.04 = 0.11$$

$$\therefore\ G_1 = 0.05\ \text{S} \qquad \therefore\ R_1 = \frac{1}{G_1} = 20\ [\Omega]$$

あとは 解 のとおりである．

例題 4.14
図 4.20 に示すように，ある枝路の電流 I を知るために，その回路中の抵抗 R の端子電圧を測った．内部抵抗が 15300 Ω の電圧計 V_1 を使用すると，その読みは 102 V であり，内部抵抗が 10100 Ω の電圧計 V_2 を使用すると，その読みは 101 V であった．電流 I および抵抗 R を求めなさい．ただし，電流 I はいずれの電圧計をつないでも変わらないものとする．

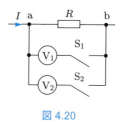

図 4.20

解 電圧計 V_1 を使用したときは，V_1 に流れる電流は 102/15300 A であるから，抵抗 R に流れる電流は $I - 102/15300$ [A] となり，R での電圧降下は $R(I - 102/15300)$ [V] となる．これが 102 V に等しいので，つぎの式が成り立つ．

$$R\left(I - \frac{102}{15300}\right) = 102 \tag{1}$$

電圧計 V_2 を使用したときは，同様に，V_2 に流れる電流は 101/10100 A であるから，抵抗 R に流れる電流は $I - 101/10100$ [A] となり，R での電圧降下は $R(I - 101/10100)$ [V] となる．これが 101 V に等しいので，つぎの式が成り立つ．

$$R\left(I - \frac{101}{10100}\right) = 101 \tag{2}$$

式 (1) と (2) から，つぎのように求められる．

$$I = 0.347 \text{ A}, \quad R = 300 \text{ Ω}$$

4.3　分流器

抵抗の並列接続による電流の分流は電流計の**分流器**にも適用される．図 4.21 において，**内部抵抗**が r_0 で**最大目盛**(あるいは**定格**あるいは**電流容量**)が I_0 である電流計を用いて，抵抗 r_S なる分流器を並列接続することによって，より大きい電流 $I(>I_0)$ が測定できるようにしてある．以下，この測定可能な最大の電流 I を求める．

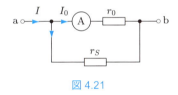

図 4.21

電流計を流れる電流 I_0 は，電流の分配則から，

$$I_0 = \frac{r_S I}{r_0 + r_S}$$

である．したがって，測定可能となる電流の最大値 I はつぎのようになる．

$$I = \left(1 + \frac{r_0}{r_S}\right) I_0$$

I/I_0 を分流器の倍率とよび，これを n とおけば，分流器の抵抗 r_S はつぎのようになる．

$$r_S = \frac{r_0}{n-1}$$

例題 4.15　内部抵抗が 0.1 Ω で最大目盛が 10 A の電流計がある．この電流計に分流器をつないで 30 A の電流を測定するには，分流器の抵抗をいくらにしたらよいか．

解 抵抗が r_S の分流器と内部抵抗が $r_0 (= 0.1\ \Omega)$ の電流計を図 4.22 のように並列に接続し，ab 間に流れる電流 I が 30 A となるように抵抗 r_S を設定すればよい．図では電流計の外に電流計の内部抵抗を示した．電流計に流れる電流 I_0 は，並列抵抗の電流の分配則から，

$$I_0 = I \times \frac{r_S}{r_S + r_0}$$

であり，この電流が，電流計に流すことのできる最大の 10 A に等しいとすればよいので，I と r_0 に数値を代入すると，

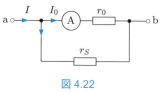

図 4.22

$$10 = \frac{30 r_S}{r_S + 0.1}$$

となる．これを解くと，つぎのようになる．

$$r_S = 0.05\ \Omega$$

別解 電流計と分流器は並列接続であるから，電流計を通る ab 間の電圧降下と分流器を通る ab 間の電圧降下が等しい．したがって，図 4.22 において分流器に流れる電流は $I - I_0$ となるから，

$$r_0 I_0 = r_S (I - I_0)$$

となり，数値を代入して整理すると，つぎのようになる．

$$r_S = 0.05\ \Omega$$

例題 4.16 ある回路中で二つの電流計 A_1，A_2 が直列に接続されていて，電流計 A_2 にはさらに抵抗値が 0.05 Ω の分流器がついている．電流計 A_1，A_2 の読みがそれぞれ 16 A，4 A であるという．この場合の電流計 A_2 の内部抵抗を求めなさい．

解 電流計 A_1 の内部抵抗を r_1，電流計 A_2 の内部抵抗を r_2，電流計 A_2 に並列に接続する分流器の抵抗を r_S として例題の回路を描くと，図 4.23 のようになる．ここで，電流計の外に電流計の内部抵抗を示す．

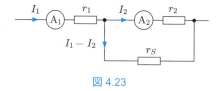

図 4.23

図で，電流計 A_1 に流れる電流を I_1，電流計 A_2 に流れる電流を I_2 とすると，分流器に流れる電流は $I_1 - I_2$ である．電流計 A_2 の内部抵抗 r_2 にかかる電圧は分流器の抵抗 r_S

にかかる電圧と等しいので，つぎの式が成り立つ．
$$r_2 I_2 = r_S(I_1 - I_2)$$
これから，電流計の内部抵抗 r_2 を求めると，つぎのようになる．
$$r_2 = \frac{r_S(I_1 - I_2)}{I_2} = 0.05 \times \frac{12}{4} = 0.15 \ [\Omega]$$

例題 4.17 図 4.24 のように，内部抵抗（電流計の外に示す）が r の検流計に抵抗が r_S の分流器を並列に取りつけ，さらに，抵抗 R を直列に接続した回路に電流が流れている．ab 間の抵抗を r に等しくし，検流計に流れる電流を R に流れる全電流の $1/n$ とするには，r_S と R の値をどのようにしたらよいか．

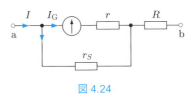

図 4.24

解 題意から ab 間の抵抗が r であるので，つぎのようになる．
$$r = R + \frac{r_S r}{r_S + r} \tag{1}$$
全電流を I とし，検流計に流れる電流を I_G とすれば，題意から，
$$I_G = \frac{I}{n} \tag{2}$$
であり，並列回路の二つの電圧降下が等しいことから，
$$r I_G = r_S(I - I_G) \quad \therefore \ (r_S + r)I_G = r_S I \tag{3}$$
となり，式 (2) と式 (3) からつぎの式を得る．
$$r_S = \frac{r}{n-1}$$
この r_S を式 (1) に代入して整理すると，つぎが得られる．
$$R = \frac{r(n-1)}{n}$$

演習問題

1. つぎの値を求めなさい．
   (1) 並列接続した 8 Ω，0.075 S，20 Ω の三つの抵抗器の合成抵抗
   (2) 並列接続した 5 S，20 S，100 S の三つの抵抗器の合成抵抗
   (3) 250 Ω の抵抗器を五つ並列接続したときの合成抵抗
2. 12 Ω，20 Ω，30 Ω の三つの抵抗が並列に接続されている．この端子間に 10 A の電流を流した．各抵抗に流れる電流 I_{12}，I_{20}，I_{30} を求めなさい．

3. 図 4.25 に示す回路で端子 ab 間に 100 V を加えた場合，負荷抵抗 R に流れる電流を 5 A に，その端子電圧を 12 V にするには，de 間の抵抗 R_0 を何オームとすればよいか．ただし，抵抗 R を外した状態で ce 間の抵抗は 10 Ω である．

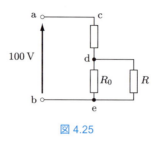

図 4.25

4. 図 4.26 のように四つの抵抗を接続し，端子 ab 間の電圧を 100 V に保ち，スイッチ S を開閉した場合，ab 間を流れる全電流は開閉にかかわらず 30 A であるという．抵抗 R_1，R_2 を求めなさい．

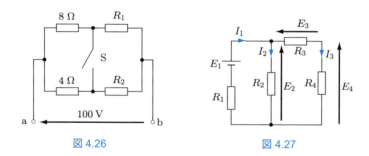

図 4.26　　　　　　図 4.27

5. 図 4.27 の回路で，$R_1 = 2$ Ω，$R_2 = 10$ Ω，$R_3 : R_4 = 1 : 3$ であり，電源電圧 $E_1 = 100$ V を加えると，電源から電流 $I_1 = 10$ A が流れる．図に示す抵抗 R_3，R_4，電流 I_2，I_3，電圧 E_2，E_3，E_4 を求めなさい．

6. 50 mV の測定範囲をもつ電圧計を用いて，50 A までの電流を測定するためには何オームの分流器を必要とするか．ただし，電圧計の最大目盛に対する電流は 10 mA とする．

第5章

△接続 − Y接続間の変換

この章の目的 ▶▶▶

　回路中に三角接続された抵抗があると，いままで学んだ方法では合成抵抗を直接求めることができないが，ここで学ぶ回路の変換を行うと，その抵抗の計算が容易となる．また，交流理論で学ぶことになる三相交流では，回路素子の △ 接続 − Y 接続間の変換（**△-Y 変換**）が頻繁に行われる．△-Y 変換を理解しよう．

5.1　抵抗の △ 接続から Y 接続への変換

　この変換をすると，複雑に接続されている抵抗の計算が容易となる．

　図 5.1(a) は三つの抵抗を △（デルタ）形に接続した **△ 接続**[†] であり，図 (b) は Y 字形に接続した **Y 接続**[††] である．

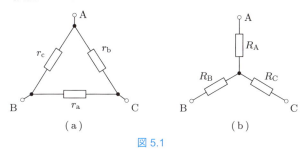

図 5.1

　端子 AB 間，BC 間，CA 間からみたそれぞれの抵抗を図 (a)，(b) で等しくすれば，図 (a) の △ 接続回路と図 (b) の Y 接続回路は等価となる．このとき，R_A，R_B，R_C はつぎのように r_a，r_b，r_c で表される．

$$R_A = \frac{r_b r_c}{r_a + r_b + r_c}, \quad R_B = \frac{r_c r_a}{r_a + r_b + r_c}, \quad R_C = \frac{r_a r_b}{r_a + r_b + r_c} \tag{5.1}$$

もし，$r_a = r_b = r_c = r$ であれば，つぎのようになる．

$$R_A = R_B = R_C = \frac{r}{3}$$

[†] 三角接続，環状接続ともいう．
[††] 星形接続ともいう．

5.2 抵抗の Y 接続から △ 接続への変換

図 5.1 において，r_a, r_b, r_c は R_A, R_B, R_C でつぎのように表される．

$$r_\mathrm{a} = \frac{R_\mathrm{A}R_\mathrm{B} + R_\mathrm{B}R_\mathrm{C} + R_\mathrm{C}R_\mathrm{A}}{R_\mathrm{A}}$$
$$r_\mathrm{b} = \frac{R_\mathrm{A}R_\mathrm{B} + R_\mathrm{B}R_\mathrm{C} + R_\mathrm{C}R_\mathrm{A}}{R_\mathrm{B}} \tag{5.2}$$
$$r_\mathrm{c} = \frac{R_\mathrm{A}R_\mathrm{B} + R_\mathrm{B}R_\mathrm{C} + R_\mathrm{C}R_\mathrm{A}}{R_\mathrm{C}}$$

もし，$R_\mathrm{A} = R_\mathrm{B} = R_\mathrm{C} = R$ であれば，つぎのようになる．

$$r_\mathrm{a} = r_\mathrm{b} = r_\mathrm{c} = 3R$$

例題 5.1 図 5.1 のように図 (a) の △ 接続回路を図 (b) の Y 接続回路に変換したとき，式 (5.1) が成り立つことを示しなさい．

解 AB 間の抵抗値は，図 (b) の Y 接続で $R_\mathrm{A} + R_\mathrm{B}$，図 (a) の △ 接続で $(r_\mathrm{a} + r_\mathrm{b})r_\mathrm{c}/(r_\mathrm{a} + r_\mathrm{b} + r_\mathrm{c})$ である．したがって，

$$R_\mathrm{A} + R_\mathrm{B} = \frac{(r_\mathrm{a} + r_\mathrm{b})r_\mathrm{c}}{r_\mathrm{a} + r_\mathrm{b} + r_\mathrm{c}} \tag{1}$$

である．同様に，BC 間の抵抗値は，Y 接続で $R_\mathrm{B} + R_\mathrm{C}$，△ 接続で $(r_\mathrm{b} + r_\mathrm{c})r_\mathrm{a}/(r_\mathrm{a} + r_\mathrm{b} + r_\mathrm{c})$ であるから，

$$R_\mathrm{B} + R_\mathrm{C} = \frac{(r_\mathrm{b} + r_\mathrm{c})r_\mathrm{a}}{r_\mathrm{a} + r_\mathrm{b} + r_\mathrm{c}} \tag{2}$$

である．また，CA 間の抵抗値は，Y 接続で $R_\mathrm{C} + R_\mathrm{A}$，△ 接続で $(r_\mathrm{c} + r_\mathrm{a})r_\mathrm{b}/(r_\mathrm{a} + r_\mathrm{b} + r_\mathrm{c})$ であるから，つぎのようになる．

$$R_\mathrm{C} + R_\mathrm{A} = \frac{(r_\mathrm{c} + r_\mathrm{a})r_\mathrm{b}}{r_\mathrm{a} + r_\mathrm{b} + r_\mathrm{c}} \tag{3}$$

式 (1), (3) の両辺を加え合わせて式 (2) を差し引き，整理するとつぎの式が得られる．

$$R_\mathrm{A} = \frac{r_\mathrm{b}r_\mathrm{c}}{r_\mathrm{a} + r_\mathrm{b} + r_\mathrm{c}}$$

同様にして，

$$R_\mathrm{B} = \frac{r_\mathrm{c}r_\mathrm{a}}{r_\mathrm{a} + r_\mathrm{b} + r_\mathrm{c}}, \qquad R_\mathrm{C} = \frac{r_\mathrm{a}r_\mathrm{b}}{r_\mathrm{a} + r_\mathrm{b} + r_\mathrm{c}}$$

となる．

例題 5.2 図 5.1(b) の Y 接続回路を図 (a) の △ 接続回路に変換したとき，式 (5.2) が成り立つことを示しなさい．

解 式 (5.1) から，

$$\frac{r_b}{r_a} = \frac{R_A}{R_B}, \qquad \frac{r_c}{r_b} = \frac{R_B}{R_C}, \qquad \frac{r_a}{r_c} = \frac{R_C}{R_A} \tag{1}$$

であり，さらに式 (5.1) から，

$$\frac{r_a}{r_b} + 1 + \frac{r_c}{r_b} = \frac{r_c}{R_A} \tag{2}$$

$$\frac{r_b}{r_c} + 1 + \frac{r_a}{r_c} = \frac{r_a}{R_B} \tag{3}$$

$$\frac{r_c}{r_a} + 1 + \frac{r_b}{r_a} = \frac{r_b}{R_C} \tag{4}$$

が得られる．式 (2) に式 (1) を代入して整理すると，

$$r_c = \frac{R_A R_B + R_B R_C + R_C R_A}{R_C}$$

となる．同様に式 (3)，(4) に式 (1) を代入して，

$$r_a = \frac{R_A R_B + R_B R_C + R_C R_A}{R_A}, \qquad r_b = \frac{R_A R_B + R_B R_C + R_C R_A}{R_B}$$

となる．

例題 5.3 図 5.2 の回路の端子 ab からみた合成抵抗 R を求めなさい．

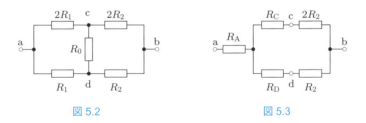

図 5.2　　　　　　　図 5.3

解 $2R_1$，R_0，R_1 からなる端子 acd の Δ 接続を Y 接続に変換して合成抵抗を求めることにする．図 5.2 は図 5.3 のように変換することができる．したがって，ab 間からみた合成抵抗 R はつぎのようになる．

$$R = R_A + \frac{(R_C + 2R_2)(R_D + R_2)}{R_C + R_D + 3R_2} \tag{1}$$

ここで，R_A，R_C，R_D は，式 (5.1) からそれぞれつぎのように表される．

$$R_A = \frac{2R_1{}^2}{3R_1 + R_0}, \qquad R_C = \frac{2R_0 R_1}{3R_1 + R_0}, \qquad R_D = \frac{R_0 R_1}{3R_1 + R_0} \tag{2}$$

ゆえに，式 (2) を式 (1) に代入して整理すると，つぎの結果が得られる．

$$R = \frac{2(R_1 + R_2)}{3}$$

例題 5.4 図 5.4 の回路で，抵抗 $2R$ に流れる電流 I を求めなさい．

解 一辺の抵抗が $3R$ である abc の △ 接続は，図 5.5 のように，抵抗が R の ao, bo, co からなる Y 接続に変換できる．電源 E からみた合成抵抗 R_0 は，

$$R_0 = R + \frac{2R \times 3R}{2R + 3R} = \frac{11R}{5}$$

であり，ao に流れる電流 I_0 は，

$$I_0 = \frac{5E}{11R}$$

となる．したがって，電流の分配則から，I はつぎのように求められる．

$$I = \frac{2I_0}{5} = \frac{2E}{11R}$$

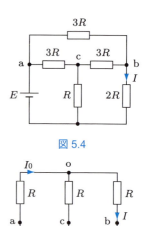

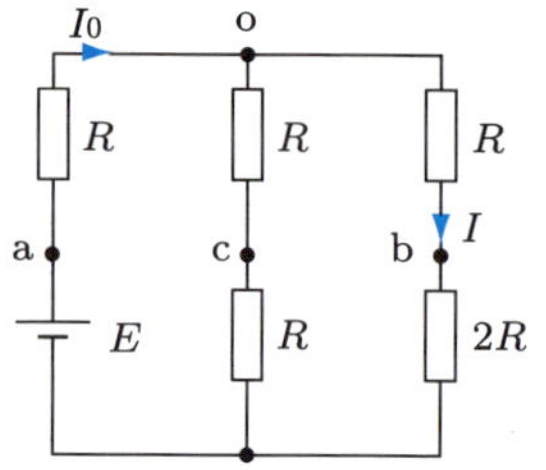

図 5.4

図 5.5

例題 5.5 一つの抵抗値が R である 9 個の抵抗からなる図 5.6 の回路で，端子 ab 間の抵抗値 R_{ab} を求めなさい．また，端子 b と端子 c とを接続し，端子 a との間からみた抵抗 $R_{a\text{-}bc}$ を求めなさい．

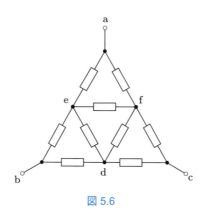

図 5.6

解 三つの △ 接続の eaf と bed, dfc を Y 接続に変換すると，それぞれの抵抗が $R/3$ である図 5.7 のような回路におき換えられる．したがって，端子 ab 間の抵抗値 R_{ab} は，つぎのように求められる．

$$R_{ab} = \frac{R}{3} + \frac{\frac{2R}{3} \cdot \frac{4R}{3}}{\frac{6R}{3}} + \frac{R}{3} = \frac{10R}{9}$$

つぎに，端子 b と c とを接続し，端子 a との間からみた抵抗 $R_{\text{a-bc}}$ を求める．a と bc との間に電圧を加えたとすると，回路の対称性から，b と c の中間点 d には電流が流れない．したがって，点 d で回路を開放しても影響を与えないので，開放することができる．このようにして $R_{\text{a-bc}}$ を計算すると，つぎのようになる．

$$R_{\text{a-bc}} = \frac{R}{3} + \frac{3 \times \frac{R}{3} \times 3 \times \frac{R}{3}}{6 \times \frac{R}{3}} = \frac{5R}{6}$$

なお，図 5.7 は，新たに形成された $\triangle$ 接続を Y 接続に変換すると，図 5.8 のようになる．これから $R_{\text{a-bc}}$ をつぎのようにも求めることができる．

$$R_{\text{a-bc}} = \frac{R}{3} + \frac{2R}{9} + \frac{\frac{2R}{9} + \frac{R}{3}}{2} = \frac{5R}{6}$$

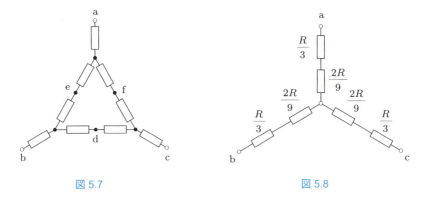

図 5.7　　　　　　　　　　図 5.8

演習問題

1. 図 5.9 に示すブリッジ回路の $\triangle$ 接続を Y 接続に変換して，端子 ab からみた合成抵抗を求めなさい．

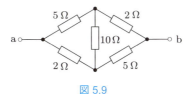

図 5.9

2. 図 5.10 の二つの回路が等価である場合，抵抗 R_3, R_4 を抵抗 R_1, R_2 でそれぞれ表しなさい．

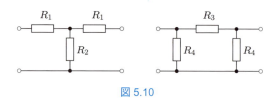

図 5.10

3. 図 5.11(a) のコンダクタンス g_a, g_b, g_c からなる △ 接続を，図 5.11(b) のコンダクタンス G_A, G_B, G_C からなる Y 接続に変換したい．G_A, G_B, G_C をそれぞれ g_a, g_b, g_c を用いて表しなさい．

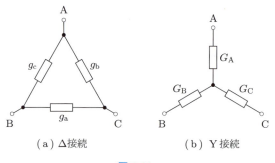

（a）△接続　　　（b）Y 接続

図 5.11

第6章

電　源

> **この章の目的** ▶▶▶
>
> 電源には内部抵抗があり，電圧源と電流源の考え方があることを理解する．さらに，電源の代表例である電池を直列あるいは並列接続したときの端子電圧や，各電池に流れる電流の大きさの求め方を学ぶ．

　直流の**電源**には発電機や電池，交流を整流する直流電源装置などがある．負荷に電気を供給する電源は電圧源と電流源とに分類される．回路図で用いられるそれぞれの記号を図 6.1 に示す．

(a) 電池，直流電圧源　　(b) 理想電圧源　　(c) 理想電流源

図 6.1　電　源

6.1　電圧源

　電源は**内部抵抗**とよぶ抵抗を含んでいて，**電圧源**の等価回路は図 6.2 のように表される．図で，E_0 は**起電力**，r は内部抵抗であり，ab が電源の端子となっている．起電力の発生する電圧は E_0 であり，電圧源の出力電圧は E である．いずれも矢印は極性（プラス（＋），マイナス（－））を示し，矢印の先端側がプラス（正）極性である．電流は，起電力の正極から流れ出て，外の回路では電位の高いほうから低いほうに流れ，起電力の負極に戻ってくる．

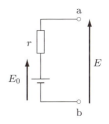

図 6.2　電圧源

　ab 間に負荷が接続されると，電源および負荷に電流が流れる．この電流を I とすると，内部抵抗における電圧降下 rI だけ低い電圧の $E_0 - rI$ が電源の出力電圧 E と

なる．すなわち，次式が成り立つ[†]．

$$E = E_0 - rI \tag{6.1}$$

ab 間に負荷がつながれておらず電源に電流が流れていないときは，式 (6.1) で $I = 0$ であり，出力電圧 E は起電力 E_0 に等しい．この場合の出力電圧は**開放電圧**である．ab 間を短絡すると，流れる**短絡電流**は E_0/r となる．

例題 6.1 図 6.3 のように，起電力が E_0，内部抵抗が r である電源の端子 ab に負荷として可変抵抗器が接続されている回路がある．端子 ab 間の電圧 E と可変抵抗器に流れる電流 I を可変抵抗器の抵抗 R の関数として表し，さらに，$R = 0$ および $R = \infty$ の場合の電圧 E と電流 I を求めなさい．また，R を変化したときの電圧 E と電流 I の変化をグラフ化しなさい．

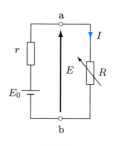

図 6.3

解 抵抗 r と抵抗 R の直列回路に起電力 E_0 が加わっているので，抵抗 R にかかる電圧 E は，電圧の分配則からつぎのようになる．

$$E = \frac{RE_0}{R+r} \tag{1}$$

また，負荷の可変抵抗器に流れる電流 I はつぎのようになる．

$$I = \frac{E_0}{R+r} \tag{2}$$

$R = 0$ の場合，式 (1), (2) からつぎの値を得る．

$$E = 0, \quad I = \frac{E_0}{r} \tag{3}$$

$R = \infty$ の場合，同様につぎの値を得る．

$$E = E_0, \quad I = 0 \tag{4}$$

つぎに，式 (1), (2) から，つぎの式が得られる．

$$\frac{E}{E_0} = \frac{R}{R+r} = \frac{\dfrac{R}{r}}{\dfrac{R}{r}+1} \tag{5}$$

[†] $r = 0$ の理想電圧源の出力電圧 E は，端子 ab 間に接続する負荷抵抗の値にかかわらず，E_0 なる定電圧である．図 6.1(b) に示す記号は，厳密には，図 6.2 のように等価回路において電源の内部抵抗とともに理想電圧源(仮想的電圧源)の記号として用いられる．ただし本書では，理想電圧源に代わって電池の記号をそのまま使うこともある．

$$I = \frac{E_0}{R+r} = \frac{E_0}{r\left(\dfrac{R}{r}+1\right)} = \frac{I_S}{\dfrac{R}{r}+1}$$

$$\therefore \frac{I}{I_S} = \frac{1}{\dfrac{R}{r}+1} \tag{6}$$

ここで，I_S は E_0/r であり，$R=0$ すなわち，端子 ab を短絡したときに流れる電流である．

　式 (5)，(6) をグラフ化すると，図 6.4 のようになる．$R=0$ では，式 (3) でも求められているように，$I=I_S=E_0/r$ なる短絡電流が流れ，ab 間の電圧 E はゼロである．$R=\infty$ では，式 (4) にも示したように，回路に流れる電流 I はゼロであり，ab 間の電圧 E は起電力 E_0 そのものがあらわれることになる．すなわち，端子 ab に負荷を接続しない開放状態では，抵抗 r があっても ab 間の電圧 E は E_0 となる．

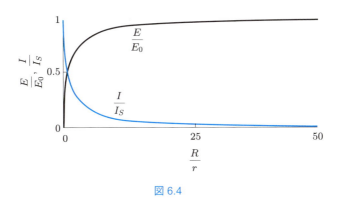

図 6.4

6.2　電流源

　図 6.2 の電圧源に対応する**電流源**は図 6.5 のように表される[†]．ここで，I_S は電流源の供給する電流の大きさであり，電圧源の**短絡電流** E_0/r に等しく，電流源に並列接続した r はコンダクタンスではなく抵抗表示である．図は電流源のある辺に電流 I_S が矢印の向きを正として流れていることを示している．

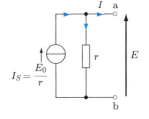

図 6.5　電流源

[†] 図 6.1(c) にも示す記号は，r が ∞ の場合の定電流源なる理想電流源を表すものである．本書では図 6.5 のように，抵抗あるいはコンダクタンスとあわせて理想電流源の記号として用いる．

電圧源と同様に，負荷を接続し，出力電流 I を流すと，

$$I = I_S - \frac{E}{r} = \frac{E_0 - E}{r} \tag{6.2}$$

であり，式 (6.2) は (6.1) と同じことからも，図 6.5 の電流源が図 6.2 の電圧源と等価であることがわかる．ちなみに，$I=0$ のときの出力電圧は E_0，ab 間を短絡したときの電流は $E_0/r (= I_S)$ であり，いずれも電圧源と同じである．

図 6.6(a) に示す電流源の並列接続は，図 (b) のように一つの電流源にまとめることができる．ここで，図の回路に示す電流と抵抗にはそれぞれつぎの関係がある．

$$I_S = I_{S1} + I_{S2} + \cdots + I_{Sn}$$
$$\frac{1}{r} = \frac{1}{r_1} + \frac{1}{r_2} + \cdots + \frac{1}{r_n}$$

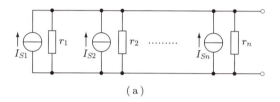

(a) (b)

図 6.6 電流源の並列接続 (a) とその等価回路 (b)

例題 6.2 図 6.7 の回路で，抵抗 R に流れる電流 I を求めなさい．

解 抵抗 r_1 に a から b の方向に流れる電流は $I_{01} - I$ であり，抵抗 r_1 にかかる電圧 E_{ab} はつぎのとおりである．

$$E_{ab} = r_1 (I_{01} - I)$$

cb 間に流れる電流は I であるので，同じように，抵抗 r_2 に c から d の方向に流れる電流は $I_{02} - I$ であり，抵抗 r_2 にかかる電圧 E_{cd} はつぎのとおりである．

$$E_{cd} = r_2 (I_{02} - I)$$

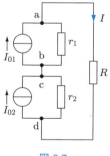

図 6.7

抵抗 R にかかる電圧は RI であり，これが E_{ab} と E_{cd} の和に等しいので，

$$RI = r_1 (I_{01} - I) + r_2 (I_{02} - I)$$

となり，I を求めるとつぎのようになる．

$$I = \frac{r_1 I_{01} + r_2 I_{02}}{R + r_1 + r_2}$$

6.3 電池の接続

電池は電源であり，内部に抵抗をもち，等価回路は図 6.8 のように示される．図で，E_0 は**起電力**，r は**内部抵抗**であり，ab が電池の端子となっている．電池の出力電圧は E であり，矢印は極性を示し，矢印の先端側が正極性である．電池の出力電圧 E は，ab 間に負荷がつながっていないときは，起電力 E_0 に等しい．電流 I が流れると，内部抵抗の**電圧降下** rI だけ低い電圧 $E_0 - rI$ が電池の出力電圧 E となる．

電池の接続方法には直列と並列がある．前者は出力電圧を高くする場合，後者は電流容量を増やす場合に使われる．電池は電圧源としても表されるわけであり，以下の 6.3.1〜6.3.3 項は電圧源にも適用される．

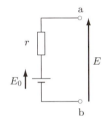

図 6.8 電池の回路表示

6.3.1 ■ 1 個の場合

図 6.9 は一つの電池に負荷抵抗 R を接続した例であり，負荷に流れる電流 I と出力電圧 E はそれぞれつぎのようになる．

$$I = \frac{E_0}{r + R}, \qquad E = E_0 - rI = \frac{RE_0}{r + R}$$

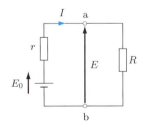

図 6.9 一つの電池のはたらき

6.3.2 ■ n 個が直列接続の場合

図 6.10 のように，起電力が E_0 で内部抵抗が r である n 個の電池を直列接続し，負荷抵抗 R を接続した場合，負荷抵抗に流れる電流 I はつぎのようになる．

$$I = \frac{nE_0}{nr + R}$$

すなわち，起電力と内部抵抗をそれぞれ n 倍すればよい．

なお，たとえば，二つの電池でその接続を逆にすると，内部抵抗は 2 倍となるが，出力電圧はゼロとなる．

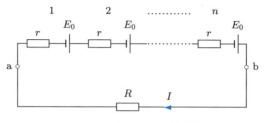

図 6.10 　n 個の直列接続電池

6.3.3 ■ n 個が並列接続の場合

図 6.11 のように，起電力が E_0 で内部抵抗が r である n 個の電池を並列接続し，負荷抵抗 R を接続した場合，負荷抵抗に流れる電流 I を求める．

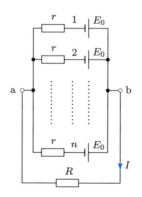

図 6.11 　n 個の並列接続電池

一つの電池に流れる電流は I/n であり，ba 間の電圧は，電池の起電力から内部抵抗における電圧降下を引いた値に等しい $E_0 - rI/n$ である．この値は負荷抵抗の電圧降下 RI に等しいので，

$$E_0 - \frac{rI}{n} = RI$$

であり，したがって，つぎのようになる．

$$I = \frac{E_0}{\dfrac{r}{n} + R}$$

つぎに，別の考え方で負荷抵抗 R に流れる電流 I を求めてみる．図 6.11 の回路において，各内部抵抗の起電力側の電位はたがいに等しい．したがって，その点を導線で仮想的にたがいに結んでも，それらの導線には電流は流れないので，回路に何の変化も与えない．そこで，図 6.11 の回路の電源側は，並列接続した n 個の抵抗 r と起電力 E_0 の直列接続とおき換えてよい．すなわち，図 6.12 の回路で，つぎのように電流 I を求めればよいことになる．

$$I = \frac{E_0}{\dfrac{r}{n} + R}$$

なお，各電池の内部抵抗が異なっていても，起電力が等しければ，この方法で解くことができる．

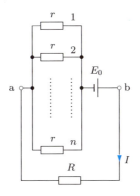

図 6.12　n 個の並列接続電池の等価回路

例題 6.3　つぎの文章で，正しいものには○印を，間違っているものには×印をつけなさい．
(1) 電池には内部抵抗があり，外部負荷に電流を流すと，その負荷に加わる電圧は電池の起電力よりも低い値となる．
(2) 起電力と内部抵抗値が等しい二つの電池を逆方向に直列につなぐと，電池の端子電圧および内部抵抗はそれぞれゼロとなる．
(3) 電池の内部抵抗は大きいほうがよい．

解　(1) ○　　(2) ×　　(3) ×

52　第6章　電源

例題 6.4　電流が 5 A のときに端子電圧が 0.7 V，電流が 2 A のときに端子電圧が 1 V となる電池がある．この電池の内部抵抗を求めなさい．

解　電池の起電力を E [V]，内部抵抗を r [Ω] とすると，題意からつぎの関係が成り立つ．

$$E - 5r = 0.7$$
$$E - 2r = 1$$

これを解くと，$r = 0.1$ Ω となる．

例題 6.5　起電力が 2 V である 3 個の電池を直列に接続した電源がある．その端子に 2.7 Ω の抵抗を接続すると，端子電圧は 5.4 V になるという．端子を短絡した場合に流れる電流 I を求めなさい．

解　一つの電池の内部抵抗を r とすると，三つの電池からなる電源の合計の起電力は 6 V であり，内部抵抗は $3r$ となる．この電源に 2.7 Ω の抵抗を接続すると，この抵抗にかかる電圧が 5.4 V になるので，回路に流れる電流は $5.4/2.7 = 2$ [A] である．したがって，この電源と 2.7 Ω の抵抗からなる回路では，つぎの式が成り立つ．

$$6 = 2(2.7 + 3r) \qquad \therefore \ r = 0.1 \ \Omega$$

したがって，電源の端子を短絡すると流れる電流は，つぎのようになる．

$$I = \frac{6}{3r} = 20 \ [\text{A}]$$

例題 6.6　電池の端子電圧を，電位差計[†]で測定したら 1.31 V であり，内部抵抗が 60 Ω の電圧計で測定したら 1.25 V であった．これより，電池の内部抵抗を求めなさい．

解　電位差計で測定するとき，電流が流れないから，1.31 V は電池の起電力（E_0 とおく）である．

内部抵抗（R とおく）が 60 Ω の電圧計で電池の端子電圧を測定する回路を描くと，図 6.13 のようになる．

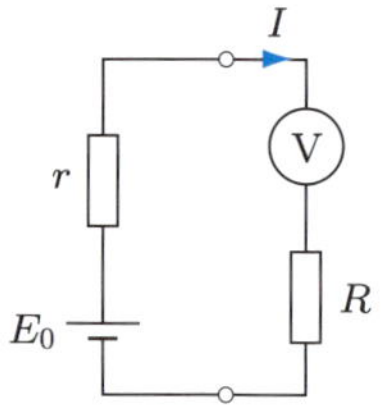

電池の内部抵抗を r とした図の回路で流れる電流を I とすると，内部抵抗 R の電圧計に加わる電圧は，電源の起電力 E_0 から電源の内部抵抗における電圧降下 rI を差し引いた $E_0 - rI$ である．電圧計の示した 1.25 V がこの電圧であるので，

$$E_0 - rI = 1.25 \tag{1}$$

図 6.13

となる．電圧計の内部抵抗が $R = 60$ Ω であるので，電流 I は，

[†] 測定する回路に電流を流すことなく端子電圧が測定できる電圧計であり，ポテンショメーターともよばれる．

$$I = \frac{1.25}{60} = 0.0208 \text{ [A]}$$

である．式 (1) に E_0 と I の値を代入して r を求めると，つぎのようになる．

$$r = 2.88 \text{ }\Omega$$

例題 6.7　起電力が 2 V で内部抵抗が 0.1Ω である五つの電池を直列にし，4.5 Ω の負荷抵抗につないだときに流れる電流 I_1 を求めなさい．また，五つのうち一つの電池を逆方向につないだときに流れる電流 I_2 を求めなさい．

解　五つの電池が直列の場合，起電力の合計が 2×5 [V]，回路全体の抵抗が $0.1 \times 5 + 4.5$ [Ω] であるので，流れる電流 I_1 はつぎのとおりである．

$$I_1 = \frac{2 \times 5}{0.1 \times 5 + 4.5} = 2 \text{ [A]}$$

一つの電池を逆方向につなぐと，五つのうちの二つの起電力が打ち消しあい，合計の起電力は 2×3 [V] となる．内部抵抗は方向によらないので，回路全体の抵抗は $0.1 \times 5 + 4.5$ [Ω] である．したがって，流れる電流 I_2 はつぎのとおりである．

$$I_2 = \frac{2 \times 3}{0.1 \times 5 + 4.5} = 1.2 \text{ [A]}$$

例題 6.8　図 6.14 のように，内部抵抗が r で起電力が E である n 個の電池を直列接続した m 個の電池群が並列接続されている電源に，負荷抵抗 R が接続されている．負荷抵抗に流れる電流 I を求めなさい．

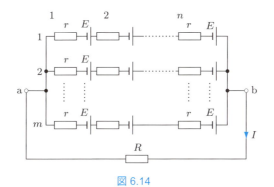

図 6.14

解　電源部は，内部抵抗 nr で起電力 nE なる電池が m 個並列につながっていると考えることができる．1 行の電池群に流れる電流は I/m であり，ba 間の電圧は $nE - nrI/m$ である．この電圧は負荷抵抗の電圧降下 RI に等しいので，

$$nE - \frac{nrI}{m} = RI$$

であり，整理するとつぎのようになる．

$$I = \frac{nE}{\dfrac{nr}{m} + R}$$

例題 6.9 起電力 E が 1.5 V で内部抵抗が r_1 と r_2 である二つの電池を並列接続し，これらの電池の端子 ab 間にスイッチ S を介して負荷抵抗 R を接続した図 6.15 のような回路がある．つぎの問に答えなさい．ただし，$r_1 = 0.2\ \Omega$, $r_2 = 0.3\ \Omega$, $R = 0.88\ \Omega$ とする．

(1) S が開いているときの ab 間の電圧 E_{ab} はいくらか．

(2) S が閉じているとき，各電池の電流 I_1, I_2 および ab 間の電圧 E_{ab} を求めなさい．

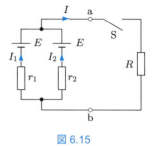

図 6.15

解 (1) 二つの電池からなる閉回路では，起電力が等しく逆向きであるので，電流は流れない．したがって，r_1 および r_2 における電圧降下はないので，$E_{ab} = E = 1.5$ V である．

(2) 二つの電池は内部抵抗が異なるが起電力が等しいので，並列接続の電池は，r_1 と r_2 の並列接続抵抗に起電力 E が直列接続されている回路におき換えられる．したがって，

$$\left(\frac{r_1 r_2}{r_1 + r_2} + R\right)(I_1 + I_2) = E \tag{1}$$

である．また，電池の端子の電圧は二つの電池でそれぞれ等しいので，

$$r_1 I_1 = r_2 I_2 \tag{2}$$

となる．式 (1), (2) に数値を代入すると，

$$I_1 + I_2 = 1.5$$
$$I_1 = 1.5 I_2$$

であり，これから，

$$I_1 = 0.9\ \text{A}, \qquad I_2 = 0.6\ \text{A}$$

である．また，ab 間の電圧 E_{ab} はつぎのとおりである．

$$E_{ab} = 0.88 \times 1.5 = 1.32\ [\text{V}]$$

(2) の別解 並列接続した二つの電池の端子 ab 間の電圧は，それぞれ起電力から内部抵抗における電圧降下を引いた値であり，たがいに等しい．また，この電圧は，電流 $I_1 + I_2$ が流れている抵抗 R における電圧降下に等しい．したがって，次式が成り立つ．

$$E - r_1 I_1 = E - r_2 I_2 = R(I_1 + I_2)$$

この式から，
$$r_1 I_1 = r_2 I_2$$
$$E = (r_1 + R)I_1 + RI_2$$
となり，数値を代入し整理すると，
$$2I_1 = 3I_2$$
$$75 = 54I_1 + 44I_2$$
を得る．これを解くと，つぎの値を得る．
$$I_1 = 0.9 \text{ A}, \qquad I_2 = 0.6 \text{ A}$$
ab 間の電圧 E_ab は $R(I_1 + I_2)$ であるので，つぎのように求められる．
$$E_\text{ab} = 0.88 \times 1.5 = 1.32 \text{ [V]}$$

例題 6.10 起電力 E_1 が 2 V で内部抵抗 r_1 が 0.25 Ω の電池と，起電力 E_2 が 1 V で内部抵抗 r_2 が 0.1 Ω の電池とを並列に接続し，端子間に抵抗 R が 0.1 Ω の負荷を接続した．それぞれの電池を流れる電流 I_1 と I_2 および端子 ef 間の電圧 E を求めなさい．

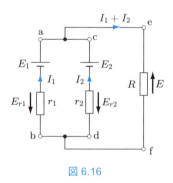

図 6.16

解 問題の回路を示すと図 6.16 のようになる．二つの電池および負荷抵抗は並列接続であるから，それぞれの端子 ab 間，cd 間，ef 間の電圧は等しい．ab 間では抵抗 r_1 での電圧降下 E_{r1} は $r_1 I_1$ であり，この正負は図に示すとおりである．したがって，ab 間の電圧は $E_1 - E_{r1}$，すなわち，$E_1 - r_1 I_1$ である．同様に，cd 間の電圧は $E_2 - r_2 I_2$ である．負荷抵抗 R には合わさった電流 $I_1 + I_2$ が流れるから，そこでの電圧降下，すなわち，ef 間の電圧は $R(I_1 + I_2)$ である．これらの端子電圧が等しいので，つぎの式が成り立つ．

$$E_1 - r_1 I_1 = E_2 - r_2 I_2 \tag{1}$$
$$E_2 - r_2 I_2 = R(I_1 + I_2) \tag{2}$$

数値を代入して，式 (1)，(2) を整理すると，

$$0.25I_1 - 0.1I_2 = 1 \tag{3}$$
$$0.1I_1 + 0.2I_2 = 1 \tag{4}$$

となり，式 (3)，(4) を連立方程式として解くと，つぎのようになる．

$$I_1 = 5 \text{ A}, \quad I_2 = 2.5 \text{ A}$$

したがって，端子電圧である ef 間の電圧 E は，つぎのようになる．

$$E = 0.1 \times (5 + 2.5) = 0.75 \text{ V}$$

なお，起電力，内部抵抗が異なる電池の問題は，第 7 章のキルヒホッフの法則，第 8 章の回路定理を学ぶとより簡単に解くことができる．これらの章の例題などを参照のこと．

演 習 問 題

1. 電流源をもつ図 6.17 の回路の端子 ab 間の電圧を，(1) スイッチ S が開いたときと，(2) 閉じたときについて求めなさい．

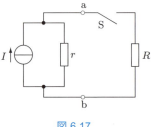

図 6.17

2. それぞれ 0.01 Ω の内部抵抗と 2 V の起電力をもつ 60 個の 2 次電池を直列に接続した電源より 20 A の電流を得るには，端子に接続すべき負荷抵抗はいくらか．また，その負荷抵抗にかかる電圧はいくらか．

3. 図 6.18 の回路で抵抗 R に流れる電流 I を求めなさい．ただし，$E = 100$ V，$r_1 = 2$ Ω，$r_2 = 3$ Ω，$r_3 = 4$ Ω，$R = 5$ Ω である．

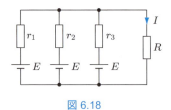

図 6.18

4. 二つの電池の正極どうしを接続し，負極間に電流計を接続したところ，電流計は振れなかった．つぎに，二つの電池を順方向に直列接続し，19 Ω の負荷抵抗をつないだところ，負荷抵抗に加わる電圧が 5.7 V であった．一方の電池は起電力が 3 V で，内部抵抗が 0.4 Ω であるという．他方の電池の起電力 E と内部抵抗 r を求めなさい．

5. 起電力が等しい電池 A，B がある．それぞれの電池に 10 Ω の負荷抵抗をつなぎ，負荷に流れる電流を比べると，電池 A の電流の電池 B の電流に対する比は 1.34 であった．また，同じように 50 Ω の抵抗をつないだ場合は，電池 A の電流の電池 B の電流に対する比は 1.07 であった．電池 A の内部抵抗 r_A と電池 B の内部抵抗 r_B を求めなさい．

第7章

キルヒホッフの法則

> **この章の目的 ▶▶▶**
>
> オームの法則とともに重要なキルヒホッフの法則を学ぶ．この方法は電気回路網の任意の部分の電圧や電流，抵抗を計算して求めるのに必要である．さらに，この法則を適用する網目法，接続点法を使えるようにする．

7.1 キルヒホッフの法則

抵抗に電圧を加えるときに流れる電流の大きさはオームの法則で求めることができ，簡単な回路はオームの法則の応用で解ける．やや複雑な電気回路で電流や電圧の値を求めるのに**キルヒホッフの法則**は便利である．この法則には第1法則と第2法則の二つがある．

第1法則は，**電流則**ともよばれ，つぎのとおりである．

> 回路中の任意の一つの接続点に流入（または，接続点から流出）する電流の総和はゼロである．

ここで，一つの接続点に各枝路から電流がすべて流入することはあり得ず，実際には図 7.1 のように，点 P では流入する電流と流出する電流がある．そこで，たとえば流入する電流を + とし，流出する電流を − と約束すれば，すべて流入すると考えてよい．したがって，図 7.1 の例ではつぎの式が成り立つ

$$I_1 + I_2 + I_3 + (-I_4) + (-I_5) = 0 \tag{7.1}$$

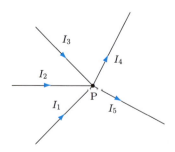

図 7.1　キルヒホッフの第 1 法則

7.1 キルヒホッフの法則

一つの接続点に n 個の枝路が集まっている回路では，第 1 法則は

$$\sum_{i=1}^{n} I_i = 0 \tag{7.2}$$

のように表される．一方，式 (7.1) で負の項を右辺に移項すれば，

$$I_1 + I_2 + I_3 = I_4 + I_5 \tag{7.3}$$

となり，第 1 法則はつぎのようにいい換えることができる．

> 回路中の任意の一つの接続点に流入する電流の総和は流出する電流の総和に等しい．

つぎに，キルヒホッフの**第 2 法則**は，**電圧則**ともよばれ，以下のとおりである．

> 回路中の任意の一つの閉回路において，抵抗における電圧降下の総和は起電力の総和に等しい．

これを図 7.2 の回路で説明する．図は任意の回路の一部である閉回路 abcdea を取り上げたものである．枝路 ea には起電力 E_1 があり電流 I_1 が，枝路 ab には起電力 E_2 と抵抗 R_2 があり電流 I_2 が，枝路 bc と cd にはそれぞれ抵抗 R_3 と R_4 があり電流 I_3 と I_4 が，枝路 de には起電力 E_5 と抵抗 R_5 があり電流 I_5 が，それぞれ流れている．ここで，閉回路を 1 周する方向を図のように定め，この方向と同じ向きの起電力および電流を正とし，逆向きを負とする．

第 2 法則を適用すると，つぎのようになる．

$$R_2 I_2 + R_3 I_3 + R_4 I_4 - R_5 I_5 = E_1 + E_2 - E_5 \tag{7.4}$$

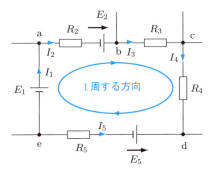

図 7.2 キルヒホッフの第 2 法則

ここで，ea 間には抵抗がないので，電流が流れていても電圧降下はゼロである．

なお，抵抗と起電力の値が既知で，電流 I_1, I_2, I_3, I_4, I_5 の値を求めるためには，別の閉回路に第2法則あるいは関係する接続点に第1法則をそれぞれ適用して，独立の式を立てる必要がある．未知数が n 個のとき，独立した n 個の式があれば未知数は求めることができる．ところで，求めた電流が負の値であれば，枝路で仮定した電流の向きが逆であったということである．

第2法則を一般化して式で示すと，つぎのようになる．

$$\sum_{i=1}^{m} R_i I_i = \sum_{j=1}^{n} E_j \tag{7.5}$$

例題 7.1 つぎの文章で，正しいものには○印を，間違っているものには×印をつけなさい．

(1) ある閉回路において，起電力が存在しなければ電圧降下の代数和はゼロである．
(2) 回路網中のある枝路で，流れる方向を仮定して求めた電流の値の符号が負となれば，電流の流れる方向は仮定とは逆の方向である．
(3) 接続点に流れ込む電流は流れ出る電流よりも大きいのがふつうである．

解 (1) ○　(2) ○　(3) ×

例題 7.2 図 7.3 のように，起電力 E_1, E_2 および抵抗 R_1, R_2, R_3 からなる回路がある．電流 I_1, I_2, I_3 を求めなさい．

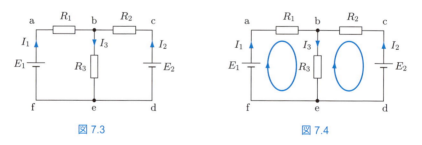

図 7.3　　　　　　　図 7.4

解 図 7.4 でループの矢印の方向を電流の正の向きと約束する．ゆえに，閉回路 abefa では電流 I_1 と I_3 は正となり，閉回路 bcdeb では電流 I_2 と I_3 は負となる．また，閉回路 bcdeb では起電力 E_2 は約束した電流の向きと逆となっている．これらを考慮して，点 b でキルヒホッフの第1法則を適用し，また，閉回路 abefa および bcdeb にキルヒホッフの第2法則を適用すると，つぎの連立方程式が得られる．

$$I_1 + I_2 - I_3 = 0 \tag{1}$$

$$R_1 I_1 + R_3 I_3 = E_1 \tag{2}$$
$$-R_2 I_2 - R_3 I_3 = -E_2 \tag{3}$$

なお，閉回路 bcdeb でループに示した電流の正の向きを逆にした場合は，式 (3) に等価な式は $R_2 I_2 + R_3 I_3 = E_2$ となり，向きをどちらに約束してもさしつかえはない．

まず，式 (1) の $I_3 = I_1 + I_2$ の関係を式 (2)，(3) に代入して I_3 を消去すると，

$$(R_1 + R_3) I_1 + R_3 I_2 = E_1 \tag{4}$$
$$R_3 I_1 + (R_2 + R_3) I_2 = E_2 \tag{5}$$

となる．この連立方程式を解き，さらに式 (1) を使うと，つぎの答が得られる．

$$I_1 = \frac{(R_2 + R_3) E_1 - R_3 E_2}{R_1 R_2 + R_2 R_3 + R_3 R_1}, \quad I_2 = \frac{(R_1 + R_3) E_2 - R_3 E_1}{R_1 R_2 + R_2 R_3 + R_3 R_1}$$
$$I_3 = \frac{R_2 E_1 + R_1 E_2}{R_1 R_2 + R_2 R_3 + R_3 R_1}$$

別解 be 間に流れる電流を I_3 としないで $I_1 + I_2$ とし，二つの閉回路にキルヒホッフの第 2 法則を適用すると，つぎの式が得られる．

$$R_1 I_1 + R_3 (I_1 + I_2) = E_1$$
$$-R_3 (I_1 + I_2) - R_2 I_2 = -E_2$$

これらの式は式 (4)，(5) と同じであり，**解**の後半のように連立方程式を解いて I_1 と I_2 を求め，その和から I_3 を求めることができる（以下省略，**解**参照）．このように未知数の数を少なくすると，解法が簡単となる．

例題 7.3 図 7.5 のブリッジ回路†の各枝路および電池に流れるそれぞれの電流 I_1, I_2, I_3, I_4, I_5, I を求めなさい．ただし，$R_1 = 2\,\Omega$, $R_2 = 1\,\Omega$, $R_3 = 1\,\Omega$, $R_4 = 2\,\Omega$, $R_5 = 1\,\Omega$, $E = 14\,\text{V}$ とする．

解 矢印の方向を電流の正の向きとして，図に描いた三つのループの閉回路にキルヒホッフの第 2 法則を適用する．$I_3 = I_1 - I_5$，$I_4 = I_2 + I_5$，$I = I_1 + I_2$ であり，I_1, I_2, I_5 だけを用いて式を立てる．

閉回路 abda では，

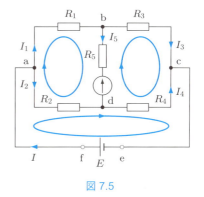

図 7.5

---

† ホイートストン・ブリッジであり，bd 間の検流計が振れないように抵抗を調節すると $R_1 R_4 = R_2 R_3$ （ブリッジの平衡条件という）となり，既知の三つの抵抗値から未知の抵抗の値を測ることができる．

$$R_1 I_1 - R_2 I_2 + R_5 I_5 = 0$$

bcdb では，

$$-R_5 I_5 + R_3(I_1 - I_5) - R_4(I_2 + I_5) = 0$$

adcefa では，

$$R_2 I_2 + R_4(I_2 + I_5) = E$$

がそれぞれ成り立つ．整理して数値を代入すると，つぎの連立方程式が得られる．

$$2I_1 - I_2 + I_5 = 0, \quad I_1 - 2I_2 - 4I_5 = 0, \quad 3I_2 + 2I_5 = 14$$

これらの方程式を解き，

$$I_1 = 4 \text{ A}, \quad I_2 = 6 \text{ A}, \quad I_5 = -2 \text{ A}$$

が得られ，さらに，$I_3 = I_1 - I_5$，$I_4 = I_2 + I_5$，$I = I_1 + I_2$ から，

$$I_3 = 6 \text{ A}, \quad I_4 = 4 \text{ A}, \quad I = 10 \text{ A}$$

が答としてそれぞれ得られる．なお，I_5 は負であり，電流の流れる向きは仮定と逆でｄからｂの方向であることがわかる．

例題7.4 図7.6のブリッジ回路で電流 I_1，I_2，I_3 を未知数とする連立方程式を立てて，電流 I_1，I_2，I_3 および ab 間からみたブリッジの合成抵抗 R を求めなさい．

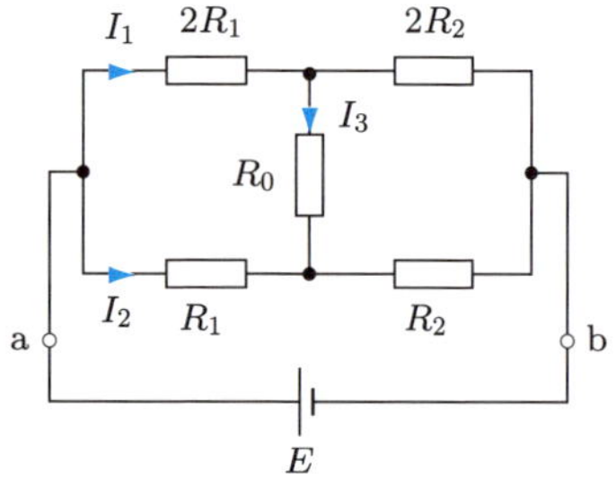

解 抵抗 R_1，$2R_1$，R_0 からなる閉回路ではつぎの式が成り立つ．

$$2R_1 I_1 - R_1 I_2 + R_0 I_3 = 0 \quad (1)$$

図 7.6

同様に，抵抗 R_0，$2R_2$，R_2 からなる閉回路と，抵抗 R_1，R_2 と電源 E からなる閉回路では，整理するとそれぞれつぎの式が成り立つ．

$$2R_2 I_1 - R_2 I_2 - (R_0 + 3R_2) I_3 = 0 \quad (2)$$

$$(R_1 + R_2) I_2 + R_2 I_3 = E \quad (3)$$

式 (1)～(3) を連立方程式として，**クラーメルの公式**[†] を用いて各電流を求める．

$$\Delta = \begin{vmatrix} 2R_1 & -R_1 & R_0 \\ 2R_2 & -R_2 & -(R_0 + 3R_2) \\ 0 & R_1 + R_2 & R_2 \end{vmatrix} = 2(R_1 + R_2)\{R_1(R_0 + 3R_2) + R_0 R_2\}$$

[†] 付録4参照．

$$\Delta_1 = \begin{vmatrix} 0 & -R_1 & R_0 \\ 0 & -R_2 & -(R_0+3R_2) \\ E & R_1+R_2 & R_2 \end{vmatrix} = \{R_1(R_0+3R_2)+R_0R_2\}E$$

$$\Delta_2 = \begin{vmatrix} 2R_1 & 0 & R_0 \\ 2R_2 & 0 & -(R_0+3R_2) \\ 0 & E & R_2 \end{vmatrix} = 2\{R_1(R_0+3R_2)+R_0R_2\}E$$

$$\Delta_3 = \begin{vmatrix} 2R_1 & -R_1 & 0 \\ 2R_2 & -R_2 & 0 \\ 0 & R_1+R_2 & E \end{vmatrix} = 0$$

$$\therefore I_1 = \frac{\Delta_1}{\Delta} = \frac{E}{2(R_1+R_2)}, \quad I_2 = \frac{\Delta_2}{\Delta} = \frac{E}{R_1+R_2}, \quad I_3 = \frac{\Delta_3}{\Delta} = 0$$

合成抵抗 R はつぎのようになる．

$$R = \frac{E}{I_1+I_2} = \frac{2(R_1+R_2)}{3}$$

7.2 網目法

閉回路(閉路，網目)ごとにその閉回路の辺に沿って流れる電流(**網目電流**あるいは**閉路電流**という)を仮定し，キルヒホッフの法則を適用して，網目電流や**枝路電流**などを求める方法が**網目法**であり，**ループ法**ともよばれる．いままで述べたキルヒホッフの第2法則による回路解法では，閉回路を一周する場合，流れる電流の値は各枝路により一般に異なっていた．しかし，網目電流はそれぞれの閉回路では一定であり，枝路によっては別の網目電流も流れることになる．

図 7.7 を用いてもう少し詳しく説明する．図では閉回路として，abgha，bcfgb，cdefc を考えており，それぞれの閉回路を流れる網目電流は I_a，I_b，I_c としてある．また，枝路電流としては，ghab 間が I_1，bc 間が I_2，cdef 間が I_3，bg 間が I_4，cf 間が I_5 である．いずれも電流の方向は矢印のとおりに定めている．

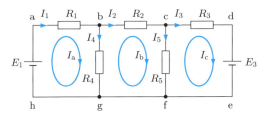

図 7.7 網目法

閉回路 abgha において,枝路 ghab では枝路電流 I_1 と網目電流 I_a とが等しく,枝路 bg では枝路電流 I_4 は網目電流の差の $I_a - I_b$ に等しい.ほかの閉回路も含めて,図の回路で網目電流と枝路電流との関係をまとめると,つぎのとおりである.

$$I_1 = I_a, \quad I_2 = I_b, \quad I_3 = I_c, \quad I_4 = I_a - I_b, \quad I_5 = I_b - I_c \tag{7.6}$$

つぎに,これらの網目電流を用いて,図 7.7 の回路にキルヒホッフの第 2 法則を適用する.閉回路 abgha では,電流 I_a が流れることによる電圧降下が $(R_1 + R_4)I_a$,I_b が R_4 に逆方向に流れることによる電圧降下が $-R_4 I_b$ であり,つぎの関係式が得られる.

$$(R_1 + R_4)I_a - R_4 I_b = E_1 \tag{7.7}$$

同様に,ほかの二つの閉回路ではつぎの式が成り立つ.

$$-R_4 I_a + (R_2 + R_4 + R_5)I_b - R_5 I_c = 0 \tag{7.8}$$

$$-R_5 I_b + (R_3 + R_5)I_c = -E_3 \tag{7.9}$$

$R_1 \sim R_5$ と E_1,E_3 が与えられていれば,式 (7.7)~(7.9) を連立方程式として I_a,I_b,I_c を解くことができ,$I_1 \sim I_5$ が求められる.この方法は変数を必要にして十分な数として解くのに便利である.式 (7.7)~(7.9) は**閉路方程式**とよばれる.

例題 7.5 図 7.8 のように,二つの起電力 E_1,E_2 と五つの抵抗からなる回路の be 間の抵抗 R_3 に流れる電流 I_3 を求めなさい.

解 網目法を用いて解くことにする.左の閉回路 abefa に流れる網目電流を I_1,右の閉回路 bcdeb に流れる網目電流を I_2 とし,図

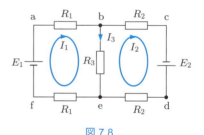

図 7.8

で矢印は電流の流れの正の方向とする.be 間では I_1 と I_2 がたがいに逆方向に流れる.

左と右の閉回路にそれぞれキルヒホッフの第 2 法則を適用すると,つぎの関係式が得られる.

$$(2R_1 + R_3)I_1 - R_3 I_2 = E_1$$

$$-R_3 I_1 + (2R_2 + R_3)I_2 = E_2$$

クラーメルの公式を用いて,二つの式から I_1 と I_2 を求める.

$$I_1 = \frac{\Delta_1}{\Delta}, \qquad I_2 = \frac{\Delta_2}{\Delta}$$

ここで,Δ_1,Δ_2,Δ はつぎの値をとる.

$$\Delta_1 = (2R_2 + R_3)E_1 + R_3 E_2, \qquad \Delta_2 = R_3 E_1 + (2R_1 + R_3)E_2$$
$$\Delta = 4R_1 R_2 + 2(R_1 + R_2)R_3$$

求める電流 I_3 は $I_1 - I_2$ であり，つぎのようになる．
$$I_3 = \frac{R_2 E_1 - R_1 E_2}{2R_1 R_2 + (R_1 + R_2)R_3}$$

例題 7.6 図 7.9 はホイートストン・ブリッジ回路である．bd 間の電流 I_5 と ac 間からみたブリッジ回路の合成抵抗 R を求めなさい．

解 各枝路の電流を設定して解くこともできるが，ここでは網目法で解くことにする．

図のように，閉回路 abda，bcdb，adcefa をそれぞれ流れる網目電流を I_1，I_2，I_3 とし，キルヒホッフの第 2 法則を適用する．
abda と bcdb，adcefa では式 (1) が成り立つ．

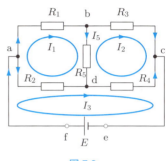

図 7.9

$$\left. \begin{array}{l} (R_1 + R_2 + R_5)I_1 - R_5 I_2 - R_2 I_3 = 0 \\ -R_5 I_1 + (R_3 + R_4 + R_5)I_2 - R_4 I_3 = 0 \\ -R_2 I_1 - R_4 I_2 + (R_2 + R_4)I_3 = E \end{array} \right\} \qquad (1)$$

求める I_5 は $I_1 - I_2$ に等しく，また，I_3 は起電力 E を流れる電流であり，ac 間からみた抵抗 R は E/I_3 となるので，式 (1) を連立方程式としてクラーメルの公式を適用し，I_1，I_2，I_3 を解けばよい．I_1，I_2，I_3 はつぎのようになる．

$$I_1 = \begin{vmatrix} 0 & -R_5 & -R_2 \\ 0 & R_3 + R_4 + R_5 & -R_4 \\ E & -R_4 & R_2 + R_4 \end{vmatrix} \frac{1}{\Delta} = \frac{\{R_4 R_5 + R_2(R_3 + R_4 + R_5)\}E}{\Delta}$$

$$I_2 = \begin{vmatrix} R_1 + R_2 + R_5 & 0 & -R_2 \\ -R_5 & 0 & -R_4 \\ -R_2 & E & R_2 + R_4 \end{vmatrix} \frac{1}{\Delta} = \frac{\{R_2 R_5 + R_4(R_1 + R_2 + R_5)\}E}{\Delta}$$

$$I_3 = \begin{vmatrix} R_1 + R_2 + R_5 & -R_5 & 0 \\ -R_5 & R_3 + R_4 + R_5 & 0 \\ -R_2 & -R_4 & E \end{vmatrix} \frac{1}{\Delta}$$

$$= \frac{\{R_5(R_1 + R_2) + (R_3 + R_4)(R_1 + R_2 + R_5)\}E}{\Delta}$$

ここで，Δ はつぎのとおりである．

$$\Delta = \begin{vmatrix} R_1+R_2+R_5 & -R_5 & -R_2 \\ -R_5 & R_3+R_4+R_5 & -R_4 \\ -R_2 & -R_4 & R_2+R_4 \end{vmatrix}$$
$$= R_1 R_3 (R_2+R_4) + (R_1+R_3)\{R_2 R_4 + R_5(R_2+R_4)\}$$

したがって，答はつぎのようになる．

$$I_5 = I_1 - I_2 = \frac{(R_2 R_3 - R_1 R_4)E}{\Delta}$$
$$R = \frac{E}{I_3} = \frac{\Delta}{R_5(R_1+R_2)+(R_3+R_4)(R_1+R_2+R_5)}$$

なお，例題 7.3 の脚注で述べたように，$R_2 R_3 = R_1 R_4$ であれば，bd 間の電流 I_5 は流れないことがわかる．また，この条件のもとで，ac 間からみたブリッジ回路の合成抵抗 R は，つぎのようになる．

$$R = \frac{R_2(R_1+R_3)}{R_1+R_2}$$

例題 7.7 図 7.10 の回路の電流 I_1, I_2, I_3 を網目法により求めなさい．

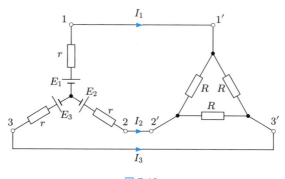

図 7.10

解 図 7.11 のように，閉回路 1–1′–2′–2–1 に流れる網目電流を I_a，同じく 2–2′–3′–3–2 の網目電流を I_b，3–3′–1′–1–3 の網目電流を I_c とし，それぞれの回路にキルヒホッフの第 2 法則を適用し，式を整理して示すとつぎのようになる．

$$(2r+R)I_a - rI_b - rI_c = E_1 - E_2$$
$$-rI_a + (2r+R)I_b - rI_c = E_2 - E_3$$
$$-rI_a - rI_b + (2r+R)I_c = E_3 - E_1$$

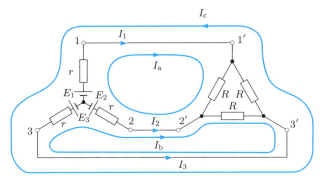

図 7.11

この三つの式を連立方程式としてクラーメルの公式から I_a を求めると，つぎのようになる．

$$\Delta = \begin{vmatrix} 2r+R & -r & -r \\ -r & 2r+R & -r \\ -r & -r & 2r+R \end{vmatrix} = R(3r+R)^2$$

$$\Delta_a = \begin{vmatrix} E_1-E_2 & -r & -r \\ E_2-E_3 & 2r+R & -r \\ E_3-E_1 & -r & 2r+R \end{vmatrix} = R(3r+R)(E_1-E_2)$$

$$I_a = \frac{\Delta_a}{\Delta} = \frac{E_1-E_2}{3r+R} \tag{1}$$

同様にして，I_b と I_c は求められるが，図 7.11 からわかるように，式 (1) で下付きの数字を $1 \to 2$，$2 \to 3$ とすれば I_b が，$1 \to 3$，$2 \to 1$ とすれば I_c が，それぞれ得られて，つぎのようになる．

$$I_b = \frac{\Delta_b}{\Delta} = \frac{E_2-E_3}{3r+R}, \qquad I_c = \frac{\Delta_c}{\Delta} = \frac{E_3-E_1}{3r+R}$$

$$\therefore\ I_1 = I_a - I_c = \frac{2E_1-E_2-E_3}{3r+R}, \qquad I_2 = I_b - I_a = \frac{2E_2-E_3-E_1}{3r+R}$$

$$I_3 = I_c - I_b = \frac{2E_3-E_1-E_2}{3r+R}$$

例題 7.8 図 7.12 に示す回路の各枝路と電源 E の電流 I_1，I_2，I_3，I_4，I_5，I を網目法により求めなさい．ただし，$R_1 = 2\,\Omega$，$R_2 = 1\,\Omega$，$R_3 = 1\,\Omega$，$R_4 = 2\,\Omega$，$R_5 = 1\,\Omega$，$E = 14\,\mathrm{V}$ とする．

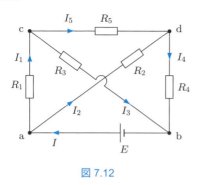
図 7.12

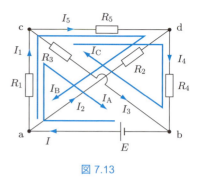
図 7.13

解 回路はブリッジ回路であり，描き換えて解くこともできるが，ここでは，枝路 bc と ad が立体的にクロスしたまま解くことにする．

図 7.13 のように，閉回路 acba に右回りで流れる網目電流を I_A，同じく閉回路 acda の網目電流を I_B，閉回路 cdbc の網目電流を I_C とし，それぞれの閉回路にキルヒホッフの第 2 法則を適用する．閉回路 acba では，

$$(R_1 + R_3)I_A + R_1 I_B - R_3 I_C = E$$

閉回路 acda では，

$$(R_1 + R_2 + R_5)I_B + R_1 I_A + R_5 I_C = 0$$

閉回路 cdbc では，

$$(R_3 + R_4 + R_5)I_C - R_3 I_A + R_5 I_B = 0$$

がそれぞれ成り立つ．三つの式に数値を代入して書き直すと，つぎのようになる．

$$\left.\begin{array}{r} 3I_A + 2I_B - I_C = 14 \\ 2I_A + 4I_B + I_C = 0 \\ -I_A + I_B + 4I_C = 0 \end{array}\right\} \quad (1)$$

式 (1) を連立方程式として，クラーメルの公式で解くとつぎのようになる．

$$\Delta = \begin{vmatrix} 3 & 2 & -1 \\ 2 & 4 & 1 \\ -1 & 1 & 4 \end{vmatrix} = 21, \quad \Delta_A = \begin{vmatrix} 14 & 2 & -1 \\ 0 & 4 & 1 \\ 0 & 1 & 4 \end{vmatrix} = 210$$

$$\Delta_B = \begin{vmatrix} 3 & 14 & -1 \\ 2 & 0 & 1 \\ -1 & 0 & 4 \end{vmatrix} = -126, \quad \Delta_C = \begin{vmatrix} 3 & 2 & 14 \\ 2 & 4 & 0 \\ -1 & 1 & 0 \end{vmatrix} = 84$$

$$I_A = \frac{\Delta_A}{\Delta} = 10 \text{ [A]}, \quad I_B = \frac{\Delta_B}{\Delta} = -6 \text{ [A]}, \quad I_C = \frac{\Delta_C}{\Delta} = 4 \text{ [A]}$$

各枝路および電源 E の電流は，各閉回路の電流との関係から，つぎのようになる．

$$I_1 = I_\mathrm{A} + I_\mathrm{B} = 4 \text{ [A]}, \qquad I_2 = -I_\mathrm{B} = 6 \text{ [A]}, \qquad I_3 = I_\mathrm{A} - I_\mathrm{C} = 6 \text{ [A]}$$
$$I_4 = I_\mathrm{C} = 4 \text{ [A]}, \qquad I_5 = I_\mathrm{B} + I_\mathrm{C} = -2 \text{ [A]}, \qquad I = I_\mathrm{A} = 10 \text{ [A]}$$

例題 7.9 図 7.7 の回路の電流 I_1, I_2, I_3, I_4, I_5 を網目法で求めなさい．

解 図 7.7 のように網目電流 I_a, I_b, I_c を定めると，キルヒホッフの第 2 法則から式 (7.7)～(7.9) が得られる．クラーメルの公式を用いて解くと，つぎのようになる．

$$\Delta = \begin{vmatrix} R_1 + R_4 & -R_4 & 0 \\ -R_4 & R_2 + R_4 + R_5 & -R_5 \\ 0 & -R_5 & R_3 + R_5 \end{vmatrix}$$
$$= (R_1 + R_4)(R_3 + R_5)R_2 + R_3 R_5 (R_1 + R_4) + R_1 R_4 (R_3 + R_5)$$

$$\Delta_\mathrm{a} = \begin{vmatrix} E_1 & -R_4 & 0 \\ 0 & R_2 + R_4 + R_5 & -R_5 \\ -E_3 & -R_5 & R_3 + R_5 \end{vmatrix}$$
$$= \{R_3(R_2 + R_4 + R_5) + R_5(R_2 + R_4)\}E_1 - R_4 R_5 E_3$$

$$\Delta_\mathrm{b} = \begin{vmatrix} R_1 + R_4 & E_1 & 0 \\ -R_4 & 0 & -R_5 \\ 0 & -E_3 & R_3 + R_5 \end{vmatrix}$$
$$= R_4(R_3 + R_5)E_1 - R_5(R_1 + R_4)E_3$$

$$\Delta_\mathrm{c} = \begin{vmatrix} R_1 + R_4 & -R_4 & E_1 \\ -R_4 & R_2 + R_4 + R_5 & 0 \\ 0 & -R_5 & -E_3 \end{vmatrix}$$
$$= R_4 R_5 E_1 - \{R_1(R_2 + R_4 + R_5) + R_4(R_2 + R_5)\}E_3$$

ここで，$I_1 = I_\mathrm{a}$, $I_2 = I_\mathrm{b}$, $I_3 = I_\mathrm{c}$, $I_4 = I_\mathrm{a} - I_\mathrm{b}$, $I_5 = I_\mathrm{b} - I_\mathrm{c}$ であり，つぎの答が得られる．

$$I_1 = \frac{\Delta_\mathrm{a}}{\Delta}, \qquad I_2 = \frac{\Delta_\mathrm{b}}{\Delta}, \qquad I_3 = \frac{\Delta_\mathrm{c}}{\Delta}$$
$$I_4 = \frac{\{R_2 R_5 + R_3(R_2 + R_5)\}E_1 + R_1 R_5 E_3}{\Delta}$$
$$I_5 = \frac{R_3 R_4 E_1 + \{R_2 R_4 + R_1(R_2 + R_4)\}E_3}{\Delta}$$

7.3 接続点法

接続点法(節点法ともいう)とは接続点にキルヒホッフの第1法則(電流則)を適用することによって回路を解く方法である．このとき，各枝路の電流は電圧とコンダクタンスの積として求めておく．複雑な並列回路で電圧と電流の関係を求めるのに有効な方法である．

図 7.14 の回路で，電流とコンダクタンスを既知として，起電力 E_1，E_2 を求めてみる．図 7.15 に示すように，コンダクタンス G_1，G_2，G_3 にそれぞれ流れる電流を I_a，I_b，I_3 とすると，つぎのように表される．

$$I_\mathrm{a} = G_1 E_1, \qquad I_\mathrm{b} = G_2 E_2, \qquad I_3 = G_3(E_1 - E_2) \tag{7.10}$$

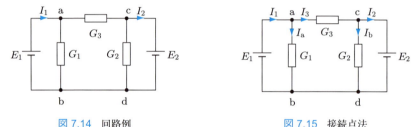

図 7.14　回路例　　　　　図 7.15　接続点法

なお，b あるいは d の電位をゼロとすると，接続点 a の電位は E_1 であり，接続点 c の電位は E_2 であるから，ac 間の G_3 に加わる電圧は $E_1 - E_2$ となり，その積が電流 I_3 となる．I_3 は a から c に向かう方向を正と仮定しているため，E_1 が E_2 より大きいことになっている．

接続点 a で I_1，I_3，I_a の間にキルヒホッフの電流則からつぎの関係が成り立つ．

$$I_1 - I_3 - I_\mathrm{a} = 0 \tag{7.11}$$

また，接続点 c で I_2，I_3，I_b の間にはつぎの関係が成り立つ．

$$-I_2 + I_3 - I_\mathrm{b} = 0 \tag{7.12}$$

式 (7.11)，(7.12) に式 (7.10) を代入して整理すると，つぎのようになる．

$$\left. \begin{array}{l} (G_1 + G_3)E_1 - G_3 E_2 = I_1 \\ G_3 E_1 - (G_2 + G_3)E_2 = I_2 \end{array} \right\} \tag{7.13}$$

式 (7.13) を連立方程式として解くと，つぎの答が得られる．

$$E_1 = \frac{(G_2 + G_3)I_1 - G_3 I_2}{G_1 G_2 + G_2 G_3 + G_3 G_1}$$

$$E_2 = \frac{G_3 E_1 - (G_3 + G_1)I_2}{G_1 G_2 + G_2 G_3 + G_3 G_1}$$

なお，式 (7.10) や式 (7.13) は**節点方程式**とよばれる．

例題 7.10 図 7.16 に示す回路で接続点の ab 間に加わる電圧 E を，抵抗 R_1, R_2, R_3 および起電力 E_1, E_2 の関数として示しなさい．

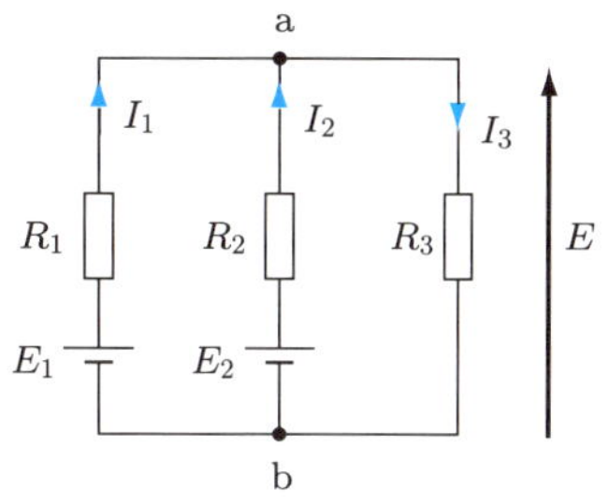

解 図のように，抵抗 R_1, R_2, R_3 に矢印の方向に流れる電流をそれぞれ I_1, I_2, I_3 とすると，接続点 a で，

$$I_1 + I_2 - I_3 = 0 \quad (1)$$

が成り立つ．抵抗 R_1, R_2, R_3 に加わる電圧はそれぞれ $E_1 - E$, $E_2 - E$, E であるから，

$$I_1 = \frac{E_1 - E}{R_1}, \quad I_2 = \frac{E_2 - E}{R_2}, \quad I_3 = \frac{E}{R_3}$$

であり，これらを式 (1) に代入すると，

$$\frac{E_1 - E}{R_1} + \frac{E_2 - E}{R_2} - \frac{E}{R_3} = 0$$

となる．したがって，つぎのようになる．

$$E = \frac{R_2 R_3 E_1 + R_3 R_1 E_2}{R_1 R_2 + R_2 R_3 + R_3 R_1}$$

なお，$G_1 = 1/R_1$, $G_2 = 1/R_2$, $G_3 = 1/R_3$ とおけば，つぎのようにきれいな形となる．

$$E = \frac{G_1 E_1 + G_2 E_2}{G_1 + G_2 + G_3}$$

図 7.16

例題 7.11 図 7.17 に示すコンダクタンス G_1, G_2, G_3, G_4 からなる回路に起電力 E_0 が接続されている．G_4 に流れる電流 I を接続点法で求めなさい．

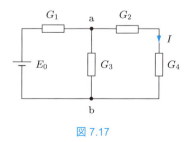

図 7.17

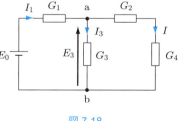

図 7.18

解 図 7.18 のように，G_1 に流れる電流を I_1, ab 間に加わる電圧を E_3, G_3 に流れる電

流を I_3 とする．接続点 a でキルヒホッフの電流則を適用すると，つぎの式が成立する．

$$I_1 - I_3 - I = 0 \tag{1}$$

電圧 E_0 と E_3 の負側は共通に接続されており，電流 I_1 が E_0 から E_3 のほうへ流れると定めているので，両電圧の正側の電位は E_3 より E_0 のほうが高く，G_1 に加わる電圧は $E_0 - E_3$ である．したがって，G_1 に流れる電流 I_1 はつぎのとおりである．

$$I_1 = G_1(E_0 - E_3) \tag{2}$$

また，E_3 がかかる G_3 に流れる電流 I_3 は，つぎのようになる．

$$I_3 = G_3 E_3 \tag{3}$$

G_2 と G_4 の直列接続回路（合成コンダクタンスは $G_2 G_4/(G_2 + G_4)$）に加わる電圧も E_3 であるので，この回路に流れる電流 I は次式のとおりである．

$$I = \frac{G_2 G_4 E_3}{G_2 + G_4} \tag{4}$$

式 (2)～(4) を式 (1) に代入すれば，つぎのように E_3 が求められる．

$$E_3 = \frac{G_1(G_2 + G_4)E_0}{G_4(G_1 + G_2 + G_3) + G_2(G_3 + G_1)} \tag{5}$$

つぎに，式 (5) を式 (4) に代入すると，求める電流はつぎのように得られる．

$$I = \frac{G_1 G_2 G_4 E_0}{G_4(G_1 + G_2 + G_3) + G_2(G_3 + G_1)}$$

例題 7.12 図 7.19 に示すように，コンダクタンス $G_1, G_2, G_3, \ldots, G_n$ と起電力 $E_1, E_2, E_3, \ldots, E_n$ からなる直並列回路がある．ab 間の電圧 E を接続点法で求めなさい．

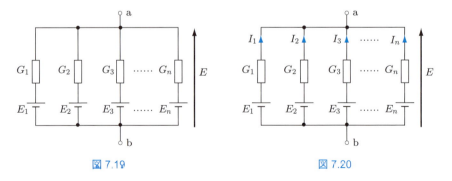

図 7.19　　　　　　　　　図 7.20

解 図 7.20 のように $G_1, G_2, G_3, \ldots, G_n$ に流れる電流を $I_1, I_2, I_3, \ldots, I_n$ とし，いずれも下から上に向かうものとする．したがって，$E_1, E_2, E_3, \ldots, E_n$ は E よりも大きく，$G_1, G_2, G_3, \ldots, G_n$ に加わる電圧は，$E_1 - E, E_2 - E, E_3 - E, \ldots,$

$E_n - E$ であるので，各電流はつぎのようになる．

$$I_1 = G_1(E_1 - E)$$
$$I_2 = G_2(E_2 - E)$$
$$I_3 = G_3(E_3 - E)$$
$$\vdots$$
$$I_n = G_n(E_n - E)$$

キルヒホッフの電流則から，

$$I_1 + I_2 + I_3 + \cdots + I_n = 0$$

となるので，次式が成り立つ．

$$G_1(E_1 - E) + G_2(E_2 - E) + G_3(E_3 - E) + \cdots + G_n(E_n - E) = 0$$

この式から，電圧 E はつぎのように求められる．

$$E = \frac{G_1 E_1 + G_2 E_2 + G_3 E_3 + \cdots + G_n E_n}{G_1 + G_2 + G_3 + \cdots + G_n}$$

例題 7.13 図 7.21 の R からなる Δ 接続負荷を Y 接続に変換したあと，接続点法により電流 I_1, I_2, I_3 を求めなさい．

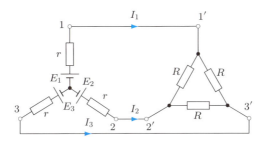

図 7.21

解 抵抗 R の Δ 接続を Y 接続に変換すると，各辺の抵抗は $R/3$ となる．変換後の回路は図 7.22 となり，さらに図 7.23 のように描き換えることができる．

o'o 間の電圧を E とすると，つぎの式が成り立つ．

$$I_1 = \frac{E_1 - E}{r + \dfrac{R}{3}}, \qquad I_2 = \frac{E_2 - E}{r + \dfrac{R}{3}}, \qquad I_3 = \frac{E_3 - E}{r + \dfrac{R}{3}} \qquad (1)$$

キルヒホッフの電流則から $I_1 + I_2 + I_3 = 0$ であり，式 (1) を代入すると，

$$3E = E_1 + E_2 + E_3 \qquad (2)$$

が得られる．式 (2) を式 (1) に代入すると，つぎの答が得られる．

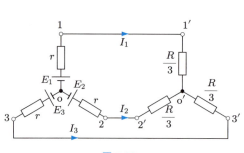

図 7.22

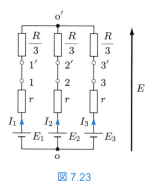

図 7.23

$$I_1 = \frac{2E_1 - E_2 - E_3}{3r + R}$$

$$I_2 = \frac{2E_2 - E_3 - E_1}{3r + R}$$

$$I_3 = \frac{2E_3 - E_1 - E_2}{3r + R}$$

例題 7.14 図 7.24 に示すブリッジ回路について，つぎの問に答えなさい．ただし，$G_1 \sim G_5$ はコンダクタンスであり，$G_2 = 2\,\mathrm{S}$, $G_3 = 1\,\mathrm{S}$, $G_4 = 2\,\mathrm{S}$, $G_5 = 2\,\mathrm{S}$ とする．

(1) 電圧 E_2 と E_3 を求めなさい．

(2) (1) の結果から，cd 間に電流が流れないための G_1 の値を求めなさい．

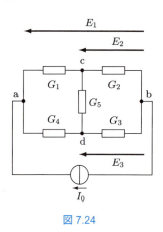

図 7.24

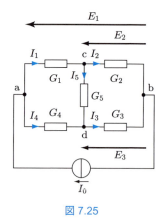

図 7.25

解 (1) G_1 にかかる電圧は $E_1 - E_2$ であるので，図 7.25 のように接続点 a から G_1 に流れる電流 I_1 は，

$$I_1 = G_1(E_1 - E_2)$$

である．同様に，G_4 にかかる電圧は $E_1 - E_3$ であるので，G_4 に流れる電流 I_4 は，

$$I_4 = G_4(E_1 - E_3)$$

である．$I_1 + I_4 = I_0$ であるので，次式が成り立つ．

$$G_1(E_1 - E_2) + G_4(E_1 - E_3) = I_0 \tag{1}$$

つぎに，G_2 に流れる電流 I_2 は，

$$I_2 = G_2 E_2$$

であり，G_5 にかかる電圧は $E_2 - E_3$ であるので，G_5 に流れる電流 I_5 は，

$$I_5 = G_5(E_2 - E_3)$$

である．ここで，$I_1 = I_2 + I_5$ であるので，次式が成り立つ．

$$G_1(E_1 - E_2) = G_2 E_2 + G_5(E_2 - E_3) \tag{2}$$

G_3 に流れる電流 I_3 は，

$$I_3 = G_3 E_3$$

であり，$I_3 = I_4 + I_5$ であるので，つぎの式が成立する．

$$G_3 E_3 = G_4(E_1 - E_3) + G_5(E_2 - E_3) \tag{3}$$

式 (1)〜(3) に数値を代入して整理すると，つぎの式を得る．

$$\begin{aligned}(G_1 + 2)E_1 - G_1 E_2 - 2E_3 &= I_0 \\ G_1 E_1 - (G_1 + 4)E_2 + 2E_3 &= 0 \\ 2E_1 + 2E_2 - 5E_3 &= 0\end{aligned} \tag{4}$$

クラーメルの公式を用いて，式 (4) から E_2 と E_3 を求める．

$$\Delta = \begin{vmatrix} G_1 + 2 & -G_1 & -2 \\ G_1 & -G_1 - 4 & 2 \\ 2 & 2 & -5 \end{vmatrix} = 14 G_1 + 16$$

$$\Delta_2 = \begin{vmatrix} G_1 + 2 & I_0 & -2 \\ G_1 & 0 & 2 \\ 2 & 0 & -5 \end{vmatrix} = (5G_1 + 4) I_0$$

$$\Delta_3 = \begin{vmatrix} G_1 + 2 & -G_1 & I_0 \\ G_1 & -G_1 - 4 & 0 \\ 2 & 2 & 0 \end{vmatrix} = 4(G_1 + 2) I_0$$

$$E_2 = \frac{\Delta_2}{\Delta} = \frac{(5G_1 + 4) I_0}{14 G_1 + 16}, \quad E_3 = \frac{\Delta_3}{\Delta} = \frac{4(G_1 + 2) I_0}{14 G_1 + 16} = \frac{2(G_1 + 2) I_0}{7 G_1 + 8} \tag{5}$$

(2) cd 間に電流が流れないためには $E_2 = E_3$ であればよいので，式 (5) から，

$$5G_1 + 4 = 4(G_1 + 2) \qquad \therefore \; G_1 = 4 \text{ S}$$

である．

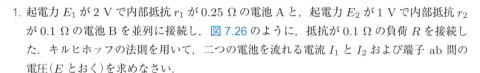
演 習 問 題

1. 起電力 E_1 が 2 V で内部抵抗 r_1 が 0.25 Ω の電池 A と，起電力 E_2 が 1 V で内部抵抗 r_2 が 0.1 Ω の電池 B を並列に接続し，図 7.26 のように，抵抗が 0.1 Ω の負荷 R を接続した．キルヒホッフの法則を用いて，二つの電池を流れる電流 I_1 と I_2 および端子 ab 間の電圧（E とおく）を求めなさい．

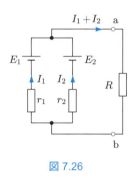

図 7.26

2. キルヒホッフの法則を用いて，図 7.27 のブリッジ回路の枝路電流 I_1, I_2, I_3 を求めなさい．

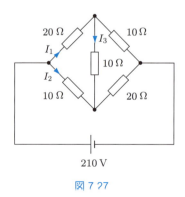

図 7.27

3. 図 7.28 の回路の抵抗 $2R$ に流れる電流 I を網目法により求めなさい．
4. 図 7.29 の回路の電源に流れる電流を網目法により求めることによって，端子 ab から右をみた合成抵抗を求めなさい．

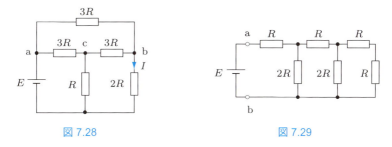

図 7.28   図 7.29

5. コンダクタンス G_1, G_2, G_3 と電流源 I_1, I_2 からなる図 7.30 のような回路で，ab 間の電圧 E_{ab} を求めなさい．ただし，接続点 a と b に接続点法を適用して求めなさい．

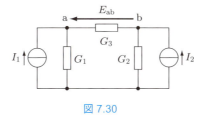

図 7.30

第8章

回路定理

この章の目的 ▶▶▶

複数の電源があったり，回路網がより複雑な場合に適用すると，電圧や電流，抵抗の計算が，キルヒホッフの法則だけによる場合に比べてより簡単になる定理がいくつかある．これらを学び，回路を解くツールとして使えるようにする．

8.1　重ねの理

重ねの理は複数の電源からなる回路網の各枝路における電流や電圧[†]を求めるのに有効であり，つぎのとおりである．

> 複数の電源が存在する回路網中の各枝路の電流は，電源を一つずつにした回路網中における同一の各枝路の電流の総和に等しい．また，任意の2点間の電圧は，電源を一つずつにした回路網中におけるその2点間の電圧の総和に等しい．ここで，取り除かれた電源が，電圧源であればその部分は短絡し，電流源であればその枝路は開放するものとする．

▶▶ 簡単な回路例を用いた説明と証明

電源 E_1，E_2 および抵抗 R_1，R_2，R_3 とからなる図 8.1(a) の回路で，R_1，R_2，R_3 にそれぞれ流れる電流 I_1，I_2，I_3 は，重ねの理を用いて求めた値とキルヒホッフの法則で求めた値とが等しいことを示す．

まず，キルヒホッフの法則を図 8.1(a) の回路に適用すると，つぎの関係式が得られる．ここで，二つの閉回路 abcfa と fcdef において電流の正の向きを図の矢印のように仮定する．

$$I_1 + I_2 - I_3 = 0$$
$$R_1 I_1 - R_2 I_2 = E_1 - E_2$$
$$R_2 I_2 + R_3 I_3 = E_2$$

クラーメルの公式から，各枝路の電流はつぎのように求められる．

[†] この定理は，電圧や電流のように一次式で表される場合に限られ，電圧や電流の2乗を含む電力には適用できない．

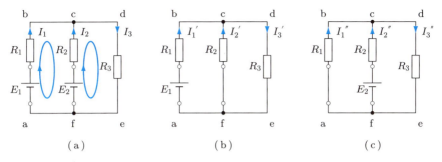

図 8.1 重ねの理

$$I_1 = \frac{\Delta_1}{\Delta}, \qquad I_2 = \frac{\Delta_2}{\Delta}, \qquad I_3 = \frac{\Delta_3}{\Delta}$$

ここで，

$$\Delta = \begin{vmatrix} 1 & 1 & -1 \\ R_1 & -R_2 & 0 \\ 0 & R_2 & R_3 \end{vmatrix} = -R_2 R_3 - R_1 R_2 - R_3 R_1$$

$$\Delta_1 = \begin{vmatrix} 0 & 1 & -1 \\ E_1 - E_2 & -R_2 & 0 \\ E_2 & R_2 & R_3 \end{vmatrix} = -(R_2 + R_3)E_1 + R_3 E_2$$

$$\Delta_2 = \begin{vmatrix} 1 & 0 & -1 \\ R_1 & E_1 - E_2 & 0 \\ 0 & E_2 & R_3 \end{vmatrix} = R_3 E_1 - (R_3 + R_1)E_2$$

$$\Delta_3 = \begin{vmatrix} 1 & 1 & 0 \\ R_1 & -R_2 & E_1 - E_2 \\ 0 & R_2 & E_2 \end{vmatrix} = -R_2 E_1 - R_1 E_2$$

であり，キルヒホッフの法則で求めた各電流はつぎのようになる．

$$\left. \begin{aligned} I_1 &= \frac{(R_2 + R_3)E_1 - R_3 E_2}{R_1 R_2 + R_2 R_3 + R_3 R_1} \\ I_2 &= \frac{-R_3 E_1 + (R_3 + R_1)E_2}{R_1 R_2 + R_2 R_3 + R_3 R_1} \\ I_3 &= \frac{R_2 E_1 + R_1 E_2}{R_1 R_2 + R_2 R_3 + R_3 R_1} \end{aligned} \right\} \quad (8.1)$$

つぎに，図 8.1(a) の回路を図 (b)，(c) のように電源が一つずつの回路に分け，それぞれの

回路の枝路電流を求める．図 (b) では，起電力 E_2 を取り去りその部分を短絡し，この変化に対して各枝路に流れる電流を I_1', I_2', I_3' とする[†]．これらの電流は，つぎのようになる．

$$I_1' = \frac{E_1}{R_1 + \dfrac{R_2 R_3}{R_2 + R_3}} = \frac{(R_2 + R_3)E_1}{R_1 R_2 + R_2 R_3 + R_3 R_1}$$

$$I_2' = -\frac{R_3 I_1'}{R_2 + R_3} = -\frac{R_3 E_1}{R_1 R_2 + R_2 R_3 + R_3 R_1}$$

$$I_3' = \frac{R_2 I_1'}{R_2 + R_3} = \frac{R_2 E_1}{R_1 R_2 + R_2 R_3 + R_3 R_1}$$

同様に図 (c) で E_1 を取り去り，各枝路電流を I_1'', I_2'', I_3'' とすると，つぎのようになる．

$$I_2'' = \frac{E_2}{R_2 + \dfrac{R_3 R_1}{R_3 + R_1}} = \frac{(R_3 + R_1)E_2}{R_1 R_2 + R_2 R_3 + R_3 R_1}$$

$$I_3'' = \frac{R_1 I_2''}{R_3 + R_1} = \frac{R_1 E_2}{R_1 R_2 + R_2 R_3 + R_3 R_1}$$

$$I_1'' = -\frac{R_3 I_2''}{R_3 + R_1} = -\frac{R_3 E_2}{R_1 R_2 + R_2 R_3 + R_3 R_1}$$

ここで $I_1' + I_1''$, $I_2' + I_2''$, $I_3' + I_3''$ を求めると，

$$\left. \begin{array}{l} I_1' + I_1'' = \dfrac{(R_2 + R_3)E_1 - R_3 E_2}{R_1 R_2 + R_2 R_3 + R_3 R_1} \\[2mm] I_2' + I_2'' = \dfrac{-R_3 E_1 + (R_3 + R_1)E_2}{R_1 R_2 + R_2 R_3 + R_3 R_1} \\[2mm] I_3' + I_3'' = \dfrac{R_2 E_1 + R_1 E_2}{R_1 R_2 + R_2 R_3 + R_3 R_1} \end{array} \right\} \quad (8.2)$$

となり，式 (8.1) と式 (8.2) から，つぎの関係式が得られる．

$$I_1 = I_1' + I_1'', \qquad I_2 = I_2' + I_2'', \qquad I_3 = I_3' + I_3''$$

すなわち，図 8.1 の回路で重ねの理が証明された．

例題 8.1 図 8.2(a) のように，電圧源の起電力 E_0 と電流源 I_0 および抵抗 R_1, R_2, R_3 とからなる回路がある．抵抗 R_1, R_2, R_3 にそれぞれ流れる電流 I_1, I_2, I_3 を，重ねの理を用いて求めなさい．

[†] 「$'$」はプライム (prime) と読む．「I'」はアイプライムである．「$''$」はツウプライム (two prime) と読む．

8.1 重ねの理

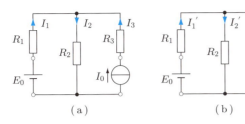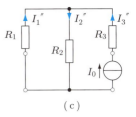

図 8.2 重ねの理

解 図 8.2(a) の回路を，電流源 I_0 を取り去りその部分を開放した図 (b) と，起電力 E_0 を取り去りその部分を短絡した図 (c) とに分ける．電流 I_1, I_2, I_3 を，図 (b) の回路では $I_1{}'$, $I_2{}'$, $I_3{}'$ とし，図 (c) の回路では $I_1{}''$, $I_2{}''$, $I_3{}''$ とする．求める電流はつぎのようになる．

$$I_1 = I_1{}' + I_1{}'', \qquad I_2 = I_2{}' + I_2{}'', \qquad I_3 = I_3{}' + I_3{}''$$

まず，図 (b) の回路ではつぎの関係式が成り立つ．

$$I_1{}' = I_2{}' = \frac{E_0}{R_1 + R_2}$$
$$I_3{}' = 0$$

つぎに，図 (c) の回路では，電流源 I_0 からの電流は $I_3{}''$ であり，この電流が二つの並列抵抗に分流するので，つぎの関係式が得られる．ただし，$I_1{}''$ は $I_3{}''$ と流れの向きが逆であり，負の符号がつくことになる．

$$I_1{}'' = -\frac{R_2 I_0}{R_1 + R_2}, \qquad I_2{}'' = \frac{R_1 I_0}{R_1 + R_2}, \qquad I_3{}'' = I_0$$

したがって，求める電流はそれぞれつぎのようになる．

$$I_1 = \frac{E_0}{R_1 + R_2} - \frac{R_2 I_0}{R_1 + R_2}$$
$$I_2 = \frac{E_0}{R_1 + R_2} + \frac{R_1 I_0}{R_1 + R_2}$$
$$I_3 = I_0$$

例題 8.2 図 8.3 の回路で，電源 E_1, E_2 に流れる電流 I_1, I_2 を重ねの理を用いて求めなさい．

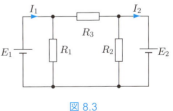

図 8.3

解 電圧源 E_1, E_2 をそれぞれ一つずつとした回路を図 8.4(a), (b) に示す．取り除かれた電圧源のあとは短絡する．したがって，図 (a) では R_2 には電流が流れず，R_2 は取り除くことができる．また，図 (b) では R_1 には電流が流れず，R_1 を取り除くことができる．それぞれの

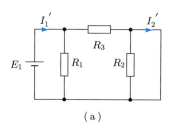 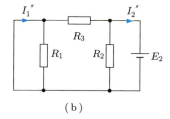

図 8.4

図のように電流を定義すると，図 (a) から，

$$I_1' = \frac{E_1}{\dfrac{R_1 R_3}{R_1 + R_3}}$$

であり，I_2' は R_3 に流れる電流であるから，つぎのようになる．

$$I_2' = \frac{E_1}{R_3}$$

図 (b) から，

$$I_1'' = -\frac{E_2}{R_3}, \qquad I_2'' = -\frac{E_2}{\dfrac{R_2 R_3}{R_2 + R_3}}$$

であり，I_1 と I_2 はつぎのようになる．

$$I_1 = I_1' + I_1'' = \frac{(R_1 + R_3)E_1 - R_1 E_2}{R_1 R_3}$$

$$I_2 = I_2' + I_2'' = \frac{R_2 E_1 - (R_2 + R_3)E_2}{R_2 R_3}$$

例題 8.3 起電力が E で内部抵抗が r である n 個の電池を並列接続した電源に，負荷抵抗 R を接続した場合，負荷抵抗に流れる電流 I がつぎのようになることを，重ねの理を用いて証明しなさい．

$$I = \frac{E}{\dfrac{r}{n} + R}$$

解 端の一つの電池だけ残して，ほかの $n-1$ 個の電池を取り除き，その部分を短絡すると，$n-1$ 個の内部抵抗 r が残るので，図 8.5 のような回路となる．ここで，R_0 は $n-1$ 個の並列抵抗であり，$r/(n-1)$ である．電池からみた回路の合成抵抗は $r + R_0 R/(R_0 + R)$ であるので，電池を流れる電流 I_0 はつぎのようになる．

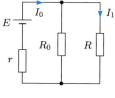

図 8.5

$$I_0 = \frac{E}{r + \dfrac{R_0 R}{R_0 + R}} = \frac{\{r + (n-1)R\}E}{r(r + nR)}$$

負荷抵抗 R に流れる電流 I_1 は，電流の分配則から，

$$I_1 = \frac{R_0 I_0}{R_0 + R} = \frac{r I_0}{r + (n-1)R} = \frac{E}{r + nR}$$

となる．ほかの電池を順次一つずつ残して作動させる場合も同じであるから，求める電流 I は nI_1 であり，整理するとつぎのようになり，証明された．

$$I = \frac{E}{\dfrac{r}{n} + R}$$

例題 8.4 複数のコンダクタンスと起電力からなる図 8.6 の回路で，端子 ab 間の電圧 E_0 を，重ねの理を用いて求めなさい．

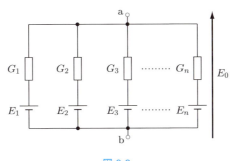

図 8.6

解 起電力のうち E_1 以外を取り去り，その部分を短絡した回路を図 8.7(a) に示す．ここで，G は $G_1 + G_2 + G_3 + \cdots + G_n$ であり，$G - G_1$ は起電力を取り去った各枝路の合成コンダクタンスである．また，E_{01} は端子 ab にあらわれる電圧である．$G - G_1$ にかかる電圧が E_{01} であるので，$G - G_1$ に流れる電流 I_1 はつぎのとおりとなる．

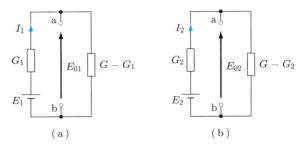

図 8.7

$$I_1 = (G - G_1)E_{01} \tag{1}$$

G_1 に流れる電流も I_1 であり，G_1 にかかる電圧は $E_1 - E_{01}$ であるから，

$$I_1 = G_1(E_1 - E_{01}) \tag{2}$$

となる．式 (1)，(2) から次式が得られる．

$$E_{01} = \frac{G_1 E_1}{G}$$

同様に，図 8.7(b) は，図 8.6 の回路で起電力のうち E_2 以外を取り去り，その部分を短絡した回路である．この回路で，G_2 と $G - G_2$ に流れる電流が等しいとおくことにより，

$$E_{02} = \frac{G_2 E_2}{G}$$

を得る．同様につぎの式が得られる．

$$E_{03} = \frac{G_3 E_3}{G}$$

$$\vdots$$

$$E_{0n} = \frac{G_n E_n}{G}$$

重ねの理から，つぎの答が得られる．

$$E = E_{01} + E_{02} + E_{03} + \cdots + E_{0n}$$
$$= \frac{G_1 E_1 + G_2 E_2 + G_3 E_3 + \cdots + G_n E_n}{G_1 + G_2 + G_3 + \cdots + G_n}$$

例題 8.5 図 8.8 の回路において，cd 間の抵抗 R_2 に流れる電流 I_2 を求めなさい．

解 図 8.8 の回路は左右対称であるので，二つの電圧源の電圧が等しければ cd 間に電流は流れない．そこで，図 8.8 の回路を，図 8.9 に示すように，二つの電圧源の電圧が E である回路†（図 8.9(a)）と，ad 間の電圧源の電圧が E で db 間の電圧源がなくその部分を短絡した回路（図 8.9(b)）に分けて，重ねの理で電流を求めることにする．

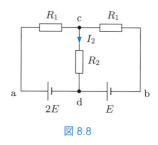

図 8.8

ここで，図 8.9(a) で抵抗 R_2 に流れる電流 I_2' はゼロであるので，図 8.9(b) で R_2 に流れる電流 I_2'' が求める図 8.8 の回路の電流 I_2 に等しい．

図 8.9(b) で抵抗 R_1 に a から c の向きに流れる電流を I_1 とすると，電流の分配則か

---

† 重ねの理を適用する場合，それぞれの回路の電源の数の合計がもとの回路の電源の数に等しければ，それぞれの回路の電源を必ずしも一つにする必要はない．

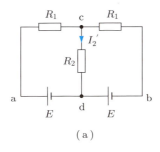
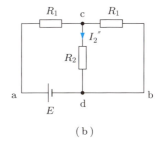

図 8.9

ら，I_2'' は $R_1 I_1/(R_1 + R_2)$ である．I_1 は，並列接続である cb 間の抵抗 R_1 と抵抗 R_2 に ac 間の抵抗 R_1 が直列につながった回路に電圧 E が加わって流れる電流であるから，つぎのとおりである．

$$I_1 = \frac{E}{R_1 + \dfrac{R_1 R_2}{R_1 + R_2}}, \quad I_2'' = \frac{E}{R_1 + 2R_2}$$

したがって，求める I_2 はつぎのようになる．

$$I_2 = I_2'' = \frac{E}{R_1 + 2R_2}$$

例題 8.6 図 8.10 の回路において，各線路の電流 I_1, I_2, I_3 を重ねの理で求めなさい．

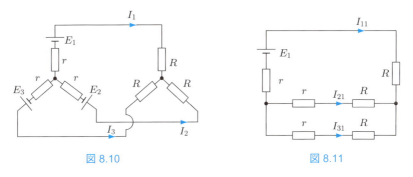

図 8.10　　　　　図 8.11

解 電圧源 E_2, E_3 を取り除き，E_1 だけとした回路は図 8.11 のようになる．この回路で，取り除いた電圧源の部分は短絡しており，各線路に流れる電流を I_{11}, I_{21}, I_{31} とした．

電流 I_{11} は，つぎのとおりである．

$$I_{11} = \frac{E_1}{r + R + \dfrac{r + R}{2}} = \frac{2E_1}{3r + 3R}$$

電流 I_{21}, I_{31} が流れる枝路の抵抗は等しく，つぎのようになる．

$$I_{21} = I_{31} = -\frac{I_{11}}{2} = -\frac{E_1}{3r+3R}$$

同様に，電源が E_2 だけの回路で各枝路に流れる電流を I_{12}, I_{22}, I_{32} とし，電源が E_3 だけの回路で各枝路に流れる電流を I_{13}, I_{23}, I_{33} とすると，

$$I_{22} = \frac{2E_2}{3r+3R}, \qquad I_{12} = I_{32} = -\frac{E_2}{3r+3R}$$

$$I_{33} = \frac{2E_3}{3r+3R}, \qquad I_{13} = I_{23} = -\frac{E_3}{3r+3R}$$

である．したがって，I_1, I_2, I_3 は，重ねの理からつぎのように求められる．

$$I_1 = I_{11} + I_{12} + I_{13} = \frac{2E_1}{3r+3R} - \frac{E_2}{3r+3R} - \frac{E_3}{3r+3R}$$

$$= \frac{2E_1 - E_2 - E_3}{3r+3R}$$

$$I_2 = I_{21} + I_{22} + I_{23} = \frac{2E_2}{3r+3R} - \frac{E_3}{3r+3R} - \frac{E_1}{3r+3R}$$

$$= \frac{2E_2 - E_3 - E_1}{3r+3R}$$

$$I_3 = I_{31} + I_{32} + I_{33} = \frac{2E_3}{3r+3R} - \frac{E_1}{3r+3R} - \frac{E_2}{3r+3R}$$

$$= \frac{2E_3 - E_1 - E_2}{3r+3R}$$

8.2　テブナンの定理

テブナンの定理[†] はつぎのとおりである．

> 回路網の任意の 2 点間に抵抗 R を接続したとき，この抵抗に流れる電流 I はつぎのようになる．
>
> $$I = \frac{E_0}{R_0 + R} \tag{8.3}$$
>
> ここで，E_0 と R_0 は抵抗 R を接続する前の値であり，それぞれ，E_0 は回路網内の電源により 2 点間に生じる開放電圧，R_0 は回路網中のすべての電源を取り除き，しかも電源が電圧源のときはその部分を短絡し，電流源のときは開放した状態で 2 点間からみた抵抗である．

[†] 鳳秀太郎が交流にも適用できることを示し，応用が広がったので，「テブナン–鳳の定理」あるいは「鳳–テブナンの定理」ともよばれる．

8.2 テブナンの定理

この定理を一般化した回路網で示すと，図 8.12(a)〜(c) のようになる．電源を含む回路網 N の端子 ab 間に抵抗 R を接続したときに R に流れる電流 I（図 8.12(a)）は式 (8.3) で表される．ここで，E_0 は，端子 ab 間に R を接続しない状態で，回路網 N に含む電源により ab 間にあらわれている開放電圧である（図 8.12(b)）．また，R_0 は，同じく R を接続せず，しかも回路網 N 中の電源を取り除いて，電源が電圧源のときはその部分を短絡し，電流源のときはその枝路を開放した状態で，ab 間からみた抵抗である（図 8.12(c)）．

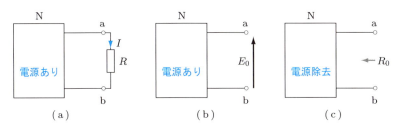

図 8.12　テブナンの定理

▶▶ 定理の証明

図 8.12(a) に示す回路に起電力 $E_a(=E_0)$ と $E_b(=E_0)$ を図 8.13(a) のように加えた回路は，加えた起電力の向きがたがいに逆であるから，図 8.12(a) に示す回路と等価である．したがって，電流 I は図 8.13(a) について求めればよい．

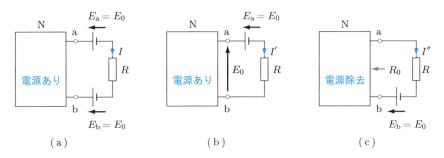

図 8.13　テブナンの定理の証明

ところで，図 (a) は図 (b) と図 (c) とを重畳した回路と考えられ，電流 I は重ねの理により I' と I'' とを加え合わせたものである．図 (b) では，回路網中の電源のはたらきで，ab 間にあらわれる電圧 E_0 と E_a は大きさが等しく逆向きの極性であるから，電流 I' はゼロである．図 (c) では，回路網 N には電源がなく，ab からみた抵抗が R_0 であるから，I'' は $E_0/(R_0+R)$ である．したがってつぎのようになり，テブナンの定理が証明された．

$$I = I' + I'' = \frac{E_0}{R_0 + R}$$

すなわち，任意の回路網において，E_0 なる電圧があらわれている二つの端子間に抵抗 R を接続するときにこの抵抗に流れる電流は，図 8.14 に示すように，この端子からみた回路網の抵抗 R_0 を内部抵抗とし，E_0 を起電力とする電源に抵抗 R を接続するときにこの抵抗に流れる電流に等しい．図 8.12(a) のような任意の回路網が，図 8.14 の回路に等価的におき換えられることがわかる．図 8.14 に示す回路で，端子 ab の左の回路は，図 8.12 の回路網に関する**テブナンの等価回路**とよばれる．

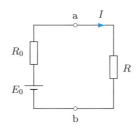

図 8.14　テブナンの等価回路

例題 8.7　起電力 E と抵抗 R_1，R_2，R_3 からなる図 8.15 の回路で，端子 ab 間に抵抗 R を接続した．R に流れる電流をテブナンの定理を用いて求めなさい．

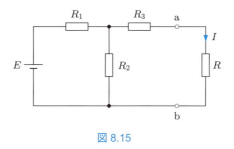

図 8.15

解　抵抗 R を接続する前に ab 間にあらわれている電圧 E_0 は，抵抗 R_3 には電流が流れないので，R_3 での電圧降下はゼロであり，抵抗 R_2 にあらわれる電圧に等しい（図 8.16）．R_2 の電圧は，電圧の分配則から $R_2 E/(R_1 + R_2)$ であるので，つぎのようになる．

$$E_0 = \frac{R_2 E}{R_1 + R_2}$$

端子 ab 間からみた抵抗 R_0 は，図 8.17 に示すように求められ，つぎのようになる．

$$R_0 = \frac{R_1 R_2}{R_1 + R_2} + R_3$$

したがって，求める電流 I はつぎのとおりである．

$$I = \frac{E_0}{R_0 + R} = \frac{R_2 E}{R_1 R_2 + (R_1 + R_2)(R_3 + R)}$$

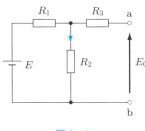
図 8.16

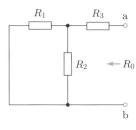
図 8.17

例題 8.8 ある回路網の 2 端子間の電圧を測ると $1.1\,\mathrm{V}$ であった．この端子に $4.5\,\Omega$ の抵抗を接続すると，端子間の電圧は $0.9\,\mathrm{V}$ になるという．端子からみた回路網の抵抗を求めなさい．

解 端子の開放電圧 E_0 は $1.1\,\mathrm{V}$，端子に $4.5\,\Omega$ の抵抗をつなぐと，この抵抗に流れる電流 I は，題意から，$0.9/4.5 = 0.2\,[\mathrm{A}]$ であり，端子からみた抵抗を R_0 とすると，テブナンの定理から，

$$I = \frac{E_0}{R_0 + 4.5}$$

である．数値を代入すると，

$$0.2 = \frac{1.1}{R_0 + 4.5}$$

となり，これを解くとつぎのようになる．

$$R_0 = 1\,\Omega$$

例題 8.9 図 8.18 のように，二つの起電力 E_1，E_2 と四つの抵抗 R_1，R_2 からなる回路の端子 ab 間に，抵抗 R_3 を接続した．R_3 に流れる電流 I_3 がゼロとなる条件をテブナンの定理を用いて求めなさい．

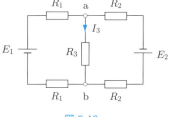
図 8.18

解 まず，抵抗 R_3 を ab 間に接続する前の状態（図 8.19）で，ab 間にあらわれている電圧 E_0 を求める．回路に流れる電流を I_0 とすれば，E_0 は

起電力 E_1 から二つの抵抗 R_1 の電圧降下を引いた値に等しいから，つぎのようになる．

$$E_0 = E_1 - 2R_1 I_0$$

ここで，I_0 はつぎのとおりである．

$$I_0 = \frac{E_1 + E_2}{2R_1 + 2R_2}$$

したがって，E_0 はつぎのようになる．

$$E_0 = \frac{R_2 E_1 - R_1 E_2}{R_1 + R_2}$$

つぎに，ab 間からみた抵抗 R_0 は，起電力を取り去った図 8.20 において，つぎのようになる．

$$R_0 = \frac{2R_1 \times 2R_2}{2R_1 + 2R_2} = \frac{2R_1 R_2}{R_1 + R_2}$$

したがって，I_3 はつぎのようになる．

$$I_3 = \frac{E_0}{R_0 + R_3} = \frac{R_2 E_1 - R_1 E_2}{2R_1 R_2 + (R_1 + R_2)R_3}$$

ゆえに，I_3 がゼロとなる条件はつぎのようになる．

$$\frac{E_1}{E_2} = \frac{R_1}{R_2}$$

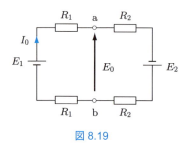

図 8.19　　　　　　　　　図 8.20

別解　ミルマンの定理の例題 8.23 の **解** を参照．

例題 8.10　図 8.21 のように，電源 E に可変抵抗器がつながれていて，端子 ab 間の電圧が 20 V である．端子 ab 間に 150 Ω の抵抗を接続すると，ab 間の電圧は 15 V になる．それでは，ab 間を短絡すれば短絡点に流れる電流はいくらか．テブナンの定理を用いて求めなさい．

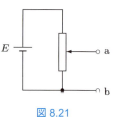

図 8.21

解　端子 ab に抵抗を接続する前に，端子 ab 間からみた抵抗を R_0 とする．ab 間に 150 Ω の抵抗をつなぐと ab 間の電圧が 15 V になるので，150 Ω の抵抗には $15/150 = 0.1$ [A] の電流が流れたことになり，テブナンの定理からつぎのような関係が得られる．

$$0.1 = \frac{20}{R_0 + 150} \qquad \therefore \ R_0 = 50 \ [\Omega]$$

ab 間を短絡したとき短絡点に流れる電流 I は，テブナンの定理から，つぎのようになる．

$$I = \frac{20}{50 + 0} = 0.4 \ [A]$$

例題 8.11 図 8.22 のように，端子 ef 間に抵抗 R_3 を接続したときに，この抵抗に流れる電流 I_3 をテブナンの定理を用いて求めなさい．ただし，$E_1 = 7.6$ V，$E_2 = 11.4$ V，$R_1 = 4 \ \Omega$，$R_2 = 9 \ \Omega$，$R_3 = 6 \ \Omega$ とする．

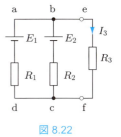

図 8.22

解 抵抗 R_3 を接続する前の端子 ef 間にあらわれている電圧 E_0 を求める．閉回路 abcda を右回りに流れる電流を I とし，キルヒホッフの第 2 法則を適用すると，

$$(R_1 + R_2)I = E_1 - E_2 \qquad \therefore \ I = \frac{E_1 - E_2}{R_1 + R_2}$$

であり，E_0 はつぎのようになる．

$$E_0 = E_1 - R_1 I = \frac{R_2 E_1 + R_1 E_2}{R_1 + R_2}$$

同じく R_3 を接続する前の端子 ef からみた抵抗 R_0 は，電源を取り除いてその部分を短絡して求めると，

$$R_0 = \frac{R_1 R_2}{R_1 + R_2}$$

となる．したがって，テブナンの定理から，つぎのようになる．

$$I_3 = \frac{E_0}{R_0 + R_3} = \frac{R_2 E_1 + R_1 E_2}{R_1 R_2 + R_2 R_3 + R_3 R_1} = \frac{9 \times 7.6 + 4 \times 11.4}{36 + 54 + 24} = 1 \ [A]$$

例題 8.12 テブナンの定理を用いて，図 8.23 の回路で抵抗 R_4 に流れる電流 I を求めなさい．ただし，$E_1 = 6$ V，$E_2 = 4$ V，$E_3 = 12$ V，$R_1 = 60 \ \Omega$，$R_2 = 40 \ \Omega$，$R_3 = 10 \ \Omega$，$R_4 = 50 \ \Omega$ とする．

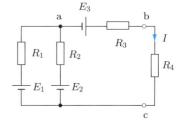

図 8.23

解 端子 bc 間に新たに R_4 が接続されたとして解くことにする．まず，R_4 が接続される前の bc 間の電圧 E_0 を求める．R_1，R_2，E_1，E_2 からなる閉回路で，右回りに流れる電流を I_1 とし，キルヒホッフの第 2 法則を適用すると，

$$(R_1 + R_2)I_1 = E_1 - E_2 \quad \therefore I_1 = \frac{E_1 - E_2}{R_1 + R_2} = 0.02 \text{ [A]}$$

となる．また，ac 間の電圧は，

$$E_1 - R_1 I_1 = 4.8 \text{ [V]}$$

である．したがって，bc 間の開放電圧 E_0 はつぎのようになる．

$$E_0 = 4.8 + E_3 = 16.8 \text{ [V]}$$

一方，bc からみた抵抗 R_0 は，つぎのようになる．

$$R_0 = \frac{R_1 R_2}{R_1 + R_2} + R_3 = 34 \text{ [}\Omega\text{]}$$

したがって，テブナンの定理から，つぎのようになる．

$$I = \frac{E_0}{R_0 + R_4} = 0.2 \text{ [A]}$$

別解 ミルマンの定理の例題 8.21 の **解** を参照．

例題 8.13 図 8.24 に示す 5 A の電流源をもつ回路の端子 ab 間にある抵抗を接続したところ，内部抵抗が 0.5 Ω の電流計 A は 1 A を指示した．接続した抵抗 R の値を求めなさい．

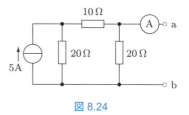

図 8.24

解 テブナンの定理で求める．端子 ab に抵抗をつなぐ前の ab 間の開放電圧(E_0 とおく)は，電流計に電流が流れないので，電流計に近い 20 Ω の抵抗にかかる電圧に等しい．この抵抗に流れる電流は，電流の分配則から $5 \times \{20/(20 + 10 + 20)\} = 2$ [A] である．したがって，端子 ab の開放電圧 E_0 は 40 V である．

つぎに，端子 ab からみた抵抗(R_0 とする)は，電流源を開放するので，$(30 \times 20)/50 + 0.5 = 12.5$ [Ω] である．したがって，抵抗 R を接続すると，流れる電流 I はテブナンの定理から，

$$I = \frac{E_0}{R_0 + R} = \frac{40}{12.5 + R}$$

となり，この値が 1 A であるから，$R = 27.5$ Ω が得られる．

例題 8.14 図 8.25 の電源回路を等価電圧源で表しなさい．

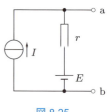

図 8.25

解 端子 ab の開放電圧を E_0 とおいて，重ねの理でこの E_0 を求める．図 8.26(a) は電圧源を取り除きその部分を短絡した回路であり，ab 間の開放電圧(E_0' とおく)は，つぎのとおりである．

$$E_0' = rI$$

つぎに,電流源を取り除きその部分を開放した図 8.26(b) の回路における ab 間の開放電圧 E_0'' は,抵抗 r に電流が流れないので,

$$E_0'' = E$$

である.したがって,E_0 はつぎのようになる.

$$E_0 = E_0' + E_0'' = rI + E$$

図 8.25 の端子 ab からみた抵抗(R_0 とおく)は,電流源を取り除いて開放し,電圧源は取り除いて短絡するので,

$$R_0 = r$$

である.したがって,等価電圧源の回路は図 8.27 のようになる.

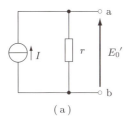 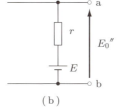 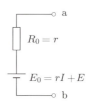

（a）　　　　　　　（b）

図 8.26　　　　　　　　　　　　　　図 8.27

例題 8.15　テブナンの定理を用いて,図 8.28 の回路で抵抗 R に流れる電流 I を求めなさい.

解　端子 ab 間に抵抗 R をつなぐ前の端子 ab の開放電圧 E_0 をまず求める.ab 間は開放であるので,定電流源 I_{01} の電流が r_1 の閉回路に,定電流源 I_{02} の電流が r_2 の閉回路に,それぞれ時計回りに流れる.したがって,ab の開放電圧 E_0 はつぎのとおりである.

$$E_0 = r_1 I_{01} + r_2 I_{02}$$

つぎに,端子 ab から左をみた抵抗 R_0 を求める.この場合,電流源は除去して開放とするので,抵抗 R_0 はつぎのようになる.

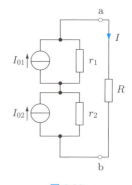

図 8.28

$$R_0 = r_1 + r_2$$

したがって,ab 間に抵抗 R をつないだときに流れる電流 I は,テブナンの定理からつぎのように求められる.

$$I = \frac{E_0}{R + R_0} = \frac{r_1 I_{01} + r_2 I_{02}}{R + r_1 + r_2}$$

8.3 ノートンの定理

ノートンの定理はテブナンの定理の "裏返し" のような関係[†]にある定理である．定理はつぎのように表すことができる．

> 回路網の任意の2点間にコンダクタンス G を接続したとき，このコンダクタンスに流れる電流 I，あるいは，コンダクタンスに加わる電圧 E はつぎのようになる．
>
> $$I = \frac{GI_S}{G_0 + G}$$
> $$E = \frac{I_S}{G_0 + G} \tag{8.4}$$
>
> ここで，I_S と G_0 はコンダクタンス G を接続する前の値であり，I_S は 2 点間を短絡したときに短絡点に流れる短絡電流，G_0 は回路網中のすべての電源を取り除き，しかも電源が電圧源のときは短絡し，電流源のときはその枝路を開放して 2 点間からみたコンダクタンスである．

▶▶ 定理の証明

図 8.29 のように，端子 ab からみたコンダクタンスが G_0 であり，ab 間を短絡すると短絡電流 I_S が流れる回路網 N について考える．端子 ab 間が開放されたときの開放電圧を E_0 とすると，定理の条件から ab 間を流れる電流は，ab 間にコンダクタンス G を接続した場合が I であり，ab 間を短絡した場合が I_S であるから，テブナンの定理によると，

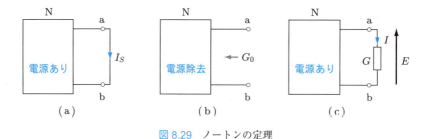

図 8.29 ノートンの定理

[†] 技術用語では**双対**の関係という．電流と電圧，抵抗とコンダクタンス，開放と短絡などはそれぞれ双対の関係にある．この節の解説の末尾を参照のこと．

8.3 ノートンの定理

が成り立つ.

$$I_S = \frac{E_0}{\dfrac{1}{G_0}}, \qquad I = \frac{E_0}{\dfrac{1}{G_0} + \dfrac{1}{G}}$$

が成り立つ．したがって，この 2 式から E_0 を消去するとつぎの式が得られ，証明された．

$$I = \frac{GI_S}{G_0 + G}, \qquad E = \frac{I_S}{G_0 + G} \qquad (8.5)$$

回路網 N は電流源 I_S とコンダクタンス G_0 からなり，図 8.29(c) の回路は，式 (8.5) から，図 8.30(a) に示す等価回路におき換えられることがわかる．

ここで，$G = 1/R$，$G_0 = 1/R_0$ とおくと，式 (8.5) はつぎのようになる．

$$I = \frac{R_0 I_S}{R_0 + R} \qquad (8.6)$$

式 (8.6) を回路図に描くと，図 8.30(b) の等価電流源の回路となる．

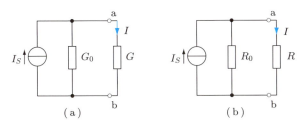

図 8.30　図 8.29(c) の等価回路

なお，ノートンの定理は，つぎのように，それぞれ**双対**な電気量に替えるとテブナンの定理からただちに式が導かれる．

- ◆ 端子 ab 間に接続した**抵抗 R** に流れる**電流 I** ➡ 端子 ab 間に接続した**コンダクタンス G** にかかる**電圧 E**
- ◆ 端子 ab 間の**開放電圧 E_0** ➡ 端子 ab 間の**短絡電流 I_S**
- ◆ 端子 ab 間からみた**抵抗 R_0** ➡ 端子 ab 間からみた**コンダクタンス G_0**

テブナンの定理

$$I = \frac{E_0}{R_0 + R}$$

➡

ノートンの定理

$$E = \frac{I_S}{G_0 + G}$$

$$I = GE = \frac{GI_S}{G_0 + G}$$

例題 8.16 図 8.31 のように，コンダクタンス G_1, G_2 からなる回路に起電力 E_0 が接続されている．端子 ab にコンダクタンス G_3 を接続したときの ab 間の電圧 E を，ノートンの定理を用いて求めなさい．

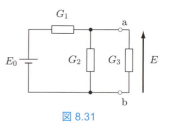

図 8.31

解 端子 ab 間を短絡したときに ab 間に流れる短絡電流 I_S は，

$$I_S = G_1 E_0$$

であり，G_3 を接続する前に ab 間からみたコンダクタンス G_0 は，

$$G_0 = G_1 + G_2$$

となるので，G_3 を接続したときの ab 間の電圧 E は，つぎのように求められる．

$$E = \frac{I_S}{G_0 + G_3} = \frac{G_1 E_0}{G_1 + G_2 + G_3}$$

例題 8.17 図 8.32(a), (b) に示すコンダクタンスと電源からなる二つの回路がある．端子 ab を短絡したときの短絡電流は，それぞれ図 (a) が I_{S1}, 図 (b) が I_{S2} である．二つの回路を端子 ab で接続した後の ab 間の電圧 E を求めなさい．

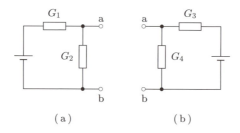

図 8.32

解 ノートンの定理で解くにあたり，重ねの理を用いることにする．二つの回路を接続し，図 8.32(b) の回路の電源を取り去り短絡したものを図 8.33(a) に示す．この回路の図 8.32(a) の部分では，接続する前に ab からみたコンダクタンスが $G_1 + G_2$ であり，ab 間の短絡電流が I_{S1} であるので，接続後の ab 間の電圧を E' とすると，ノートンの定理からつぎの関係式が得られる．

$$E' = \frac{I_{S1}}{G_1 + G_2 + G_3 + G_4}$$

つぎに，二つの回路を接続し，図 8.32(a) の回路の電源を取り去りその部分を短絡した回路を図 8.33(b) に示す．接続後の ab 間の電圧を E'' とすると，同様にノートンの定理からつぎの関係式が得られる．

$$E'' = \frac{I_{S2}}{G_1 + G_2 + G_3 + G_4}$$

したがって，求める電圧 E は $E' + E''$ であり，つぎのようになる．

$$E = \frac{I_{S1} + I_{S2}}{G_1 + G_2 + G_3 + G_4}$$

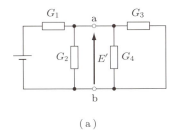
(a)

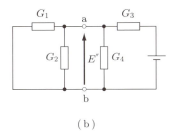
(b)

図 8.33

例題 8.18 図 8.34 の回路の端子 ab に 200 Ω の抵抗を接続したとき，その抵抗に流れる電流 I をノートンの定理を用いて求めなさい．

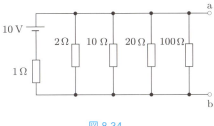

図 8.34

解 端子 ab 間からみたコンダクタンス G_0 はつぎのとおりである．

$$G_0 = 1 + 0.5 + 0.1 + 0.05 + 0.01 = 1.66 \ [\text{S}]$$

ab 間を短絡した場合，そこを流れる短絡電流 I_S は 10 A である．端子 ab に 200 Ω (=0.005 S) の抵抗を接続したときに，この抵抗に流れる電流 I は，ノートンの定理から，つぎのようになる．

$$I = \frac{0.005 I_S}{G_0 + 0.005} = \frac{0.005 \times 10}{1.66 + 0.005} = 0.030 \ [\text{A}]$$

例題 8.19 ある回路網の端子 ab 間に，内部抵抗が 0.2 Ω の電流計を接続すると振れは 6 A であり，内部抵抗が 0.1 Ω の電流計を接続すると振れは 10 A であった．ab 間を短絡したときに ab 間に流れる電流 I_S を (1) テブナンの定理と (2) ノートンの定理でそれぞれ求めなさい．

解 (1) 端子 ab からみた抵抗を R_0 とし，端子 ab の開放電圧を E_0 とする．二つの電流計を接続したときの状況をテブナンの定理に当てはめると，つぎの式が成り立つ．

$$6 = \frac{E_0}{R_0 + 0.2}, \quad 10 = \frac{E_0}{R_0 + 0.1}$$

$$\therefore\ E_0 = 1.5\ \text{V}, \quad R_0 = 0.05\ \Omega$$

さらに，ab 間を短絡したときに ab 間に流れる電流を I_S とすれば，つぎのようになる．

$$I_S = \frac{E_0}{R_0} = 30\ \text{A}$$

(2) 端子 ab からみたコンダクタンスを G_0 とし，ab 間の短絡電流を I_S とする．二つの電流計を接続したときの状況をノートンの定理に当てはめると，つぎの式が成り立つ．

$$6 = I_S \times \frac{\frac{1}{0.2}}{G_0 + \frac{1}{0.2}}, \quad 10 = I_S \times \frac{\frac{1}{0.1}}{G_0 + \frac{1}{0.1}}$$

二つの式を連立して I_S を求めると，つぎのようになる．

$$I_S = 30\ \text{A}$$

8.4　ミルマンの定理

並列接続された複数の電源などがある回路を解くうえで有用な定理が，**ミルマンの定理**である．この定理はつぎのようにいい表される（図 8.35）．

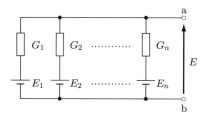

図 8.35　ミルマンの定理

> 並列接続された回路の端子電圧 E は，並列接続を構成する各枝路のコンダクタンス G_i と起電力 E_i の積の和を，各枝路のコンダクタンス G_i の和で割った値に等しい．ここで，$i = 1, 2, \ldots, n$ である．

8.4 ミルマンの定理

式で示すと，つぎのようになる．

$$E = \frac{G_1 E_1 + G_2 E_2 + G_3 E_3 + \cdots + G_n E_n}{G_1 + G_2 + G_3 + \cdots + G_n} \tag{8.7}$$

▶▶ 定理の証明

$R_i = 1/G_i$ として図 8.35 を図 8.36(a) のようにおき換え，さらに，各電圧源をそれぞれ電流源におき換えると，図 8.36(b) のようになる†．並列接続の電流源の和を I とし，並列接続のコンダクタンスの和を G とすれば，図 8.36(c) のように合成でき，それぞれつぎのようになる．

$$I = \frac{E_1}{R_1} + \frac{E_2}{R_2} + \frac{E_3}{R_3} + \cdots + \frac{E_n}{R_n} = G_1 E_1 + G_2 E_2 + G_3 E_3 + \cdots + G_n E_n$$

$$G = \frac{1}{R_1} + \frac{1}{R_2} + \frac{1}{R_3} + \cdots + \frac{1}{R_n} = G_1 + G_2 + G_3 + \cdots + G_n$$

また，$I = GE$ であるから，次式が得られ，証明された††．

$$E = \frac{G_1 E_1 + G_2 E_2 + G_3 E_3 + \cdots + G_n E_n}{G_1 + G_2 + G_3 + \cdots + G_n}$$

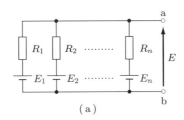

(a)

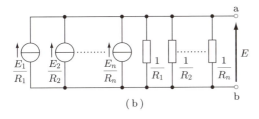

(b)

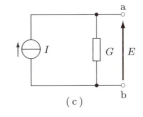

(c)

図 8.36 ミルマンの定理の証明

例題 8.20　起電力が E で内部抵抗が r である n 個の電池を並列接続した電源に，負荷抵抗 R を接続した場合，負荷抵抗に流れる電流 I をミルマンの定理を用いて求めなさい．

---

† 第 6 章の図 6.2 と図 6.5 を参照．
†† 第 7 章の例題 7.12 では接続点法で解いているので参照．

解 図 8.37 に示す回路の負荷抵抗 R に $E = 0$ の起電力が直列接続されているとし，合計 $n + 1$ の並列接続の電池があると考える．ba 間の電圧を E_0 とすると，ミルマンの定理から，

$$E_0 = \frac{\frac{nE}{r}}{\frac{n}{r} + \frac{1}{R}} = \frac{nRE}{nR + r} \quad (1)$$

である．また，

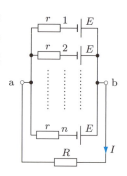

図 8.37

$$I = \frac{E_0}{R} \quad (2)$$

であるから，式 (2) に式 (1) を代入すると，負荷の電流はつぎのように求められる．

$$I = \frac{E}{\frac{r}{n} + R}$$

例題 8.21 ミルマンの定理を用いて，図 8.38 の回路で抵抗 R_4 に流れる電流 I を求めなさい．ただし，$E_1 = 6$ V, $E_2 = 4$ V, $E_3 = 12$ V, $R_1 = 60\ \Omega$, $R_2 = 40\ \Omega$, $R_3 = 10\ \Omega$, $R_4 = 50\ \Omega$ とする．

解 ac 間の電圧を E とすると，ミルマンの定理から，

$$E = \frac{\frac{E_1}{R_1} + \frac{E_2}{R_2} - \frac{E_3}{R_3 + R_4}}{\frac{1}{R_1} + \frac{1}{R_2} + \frac{1}{R_3 + R_4}}$$

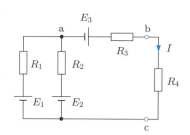

図 8.38

である．この式に数値を代入し，

$$E = \frac{\frac{6}{60} + \frac{4}{40} - \frac{12}{60}}{\frac{1}{60} + \frac{1}{40} + \frac{1}{60}} = 0$$

を得る．閉回路 abc にキルヒホッフの第 2 法則を適用すると，つぎのようになる．

$$(R_3 + R_4)I = E + E_3 \quad \therefore I = \frac{12}{60} = 0.2\ [\text{A}]$$

例題 8.22 ミルマンの定理を用いて，図 8.39 の回路における各枝路の電流 I_1, I_2, I_3 を求めなさい．ただし，$R_1 = 4\ \Omega$, $R_2 = 9\ \Omega$, $R_3 = 6\ \Omega$, $E_1 = 7.6$ V, $E_2 = 11.4$ V とする．

8.4 ミルマンの定理

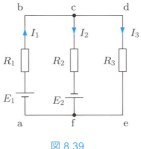

図 8.39

解 de 間の電圧を E とすると，ミルマンの定理から，

$$E = \frac{\dfrac{E_1}{R_1} - \dfrac{E_2}{R_2}}{\dfrac{1}{R_1} + \dfrac{1}{R_2} + \dfrac{1}{R_3}}$$

$$= \frac{R_3(R_2 E_1 - R_1 E_2)}{R_1 R_2 + R_2 R_3 + R_3 R_1} = 1.2 \text{ [V]}$$

であり，$I_3 = E/R_3$ からつぎのようになる．

$$I_3 = 0.2 \text{ A}$$

また，$E_1 - R_1 I_1 = E$ から，I_1 はつぎのように求められる．

$$I_1 = 1.6 \text{ A}$$

さらに，$I_1 - I_2 - I_3 = 0$ の関係から，I_2 はつぎのようになる．

$$I_2 = 1.4 \text{ A}$$

例題 8.23 図 8.40 の回路で ab 間の電流 I_3 がゼロとなる条件をミルマンの定理を用いて求めなさい．

解 ab 間の電圧を E とし，ミルマンの定理を適用すると，

$$E = \frac{\dfrac{E_1}{2R_1} - \dfrac{E_2}{2R_2}}{\dfrac{1}{2R_1} + \dfrac{1}{R_3} + \dfrac{1}{2R_2}}$$

$$I_3 = \frac{E}{R_3}$$

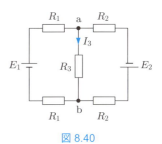

図 8.40

$I_3 = 0$ のためには，つぎのようになる．

$$\frac{E_1}{2R_1} - \frac{E_2}{2R_2} = 0 \qquad \therefore \frac{E_1}{E_2} = \frac{R_1}{R_2}$$

例題 8.24 図 8.41 に示すような二つの回路網がある．回路網 1 の端子 $a_1 b_1$ の開放電圧が E_{01} であり，同じ端子からみた回路網 1 の抵抗が R_{01} である．回路網 2 では，端子 $a_2 b_2$ の開放電圧が E_{02} であり，端子 $a_2 b_2$ からみた回路網 2 の抵抗が R_{02} であるという．端子 a_1 と a_2 を接続し，端子 b_1 と b_2 を接続したときに，端子 $a_1 b_1$ 間にあらわれる電圧 E を求めなさい．

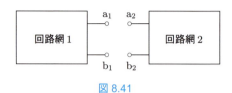

図 8.41

解 題意から回路網 1 の端子 $a_1 b_1$ 間と回路網 2 の端子 $a_2 b_2$ 間は，それぞれテブナンの等価回路として，図 8.42 に示す回路の $a_1 b_1$ 間と $a_2 b_2$ 間のようにおき換えることができる．それぞれの端子を接続するので，図 8.42 の回路の $a_1 b_1$ 間の電圧が求める E であり，ミルマンの定理からつぎのようになる．

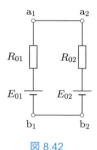

図 8.42

$$E = \frac{\dfrac{E_{01}}{R_{01}} + \dfrac{E_{02}}{R_{02}}}{\dfrac{1}{R_{01}} + \dfrac{1}{R_{02}}} = \frac{R_{02} E_{01} + R_{01} E_{02}}{R_{01} + R_{02}}$$

8.5 相反の定理

相反の定理は**可逆の定理**ともよばれ，つぎのようにいい表される．

> 一つの回路網において，ある枝路 i に起電力 E_i が作用してほかの任意の枝路 j に電流 I_j が流れれば，起電力 E_i を枝路 i から枝路 j に移し替えた場合に枝路 i に流れる電流は，移し替える前に枝路 j に流れた電流と等しい I_j である．

図 8.43(a) で，回路網の一部である ab 間の枝路 i に起電力 E_i があり，回路網の一部である cd 間の枝路 j には電流 I_j が流れているとする．ここで図 8.43(b) のように，枝路 i の起電力を取り去りその部分を短絡し，枝路 j に同じ大きさの起電力 E_i を挿入すると，枝路 i には，枝路 i から起電力を取り去る前に枝路 j に流れていた電流と同じ大きさの電流 I_j が流れるのである．

8.5 相反の定理

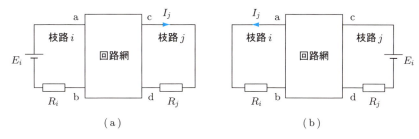

図 8.43 相反の定理

例題 8.25 図 8.44(a) の回路で，電流 I_1，I_2，I_3 を求めなさい．

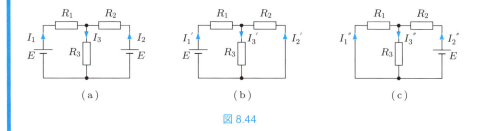

図 8.44

解 この回路では，重ねの理を用いて解く際に，相反の定理もあわせて用いることができる．
電源を一つとした図 8.44(b) と図 (c) の回路において，電源からみた合成抵抗を求め，さらに，電流の分配則を用いると，それぞれの回路で $I_1{}'$，$I_2{}'$，$I_1{}''$，$I_2{}''$ を求めることができる．図 (b) において，

$$I_1{}' = \frac{E}{R_1 + \dfrac{R_2 R_3}{R_2 + R_3}} = \frac{(R_2 + R_3)E}{R_1 R_2 + R_2 R_3 + R_3 R_1}$$

$$I_2{}' = -\frac{R_3 I_1{}'}{R_2 + R_3} = -\frac{R_3 E}{R_1 R_2 + R_2 R_3 + R_3 R_1}$$

である．図 (c) において，まず相反の定理から $I_1{}'' = I_2{}'$ であり，

$$I_1{}'' = -\frac{R_3 E}{R_1 R_2 + R_2 R_3 + R_3 R_1}$$

となる．また，$I_2{}''$ はつぎのようになる．

$$I_2{}'' = \frac{E}{R_2 + \dfrac{R_3 R_1}{R_3 + R_1}} = \frac{(R_3 + R_1)E}{R_1 R_2 + R_2 R_3 + R_3 R_1}$$

したがって，$I_1{}'$ と $I_1{}''$ の和である I_1 と，$I_2{}'$ と $I_2{}''$ の和である I_2 はつぎのとおりである．

$$I_1 = \frac{R_2 E}{R_1 R_2 + R_2 R_3 + R_3 R_1}, \qquad I_2 = \frac{R_1 E}{R_1 R_2 + R_2 R_3 + R_3 R_1}$$

I_3 は $I_1 + I_2$ であり，つぎのようになる．

$$I_3 = \frac{(R_1 + R_2) E}{R_1 R_2 + R_2 R_3 + R_3 R_1}$$

例題 8.26 図 8.45(a) のブリッジ回路において，枝路 ac の起電力 E の作用で枝路 bd に電流 I_5 が流れている．図 (b) のように，起電力 E を枝路 bd に移した場合に，相反の定理が成り立つこと，すなわち，図 (b) の枝路 ac の電流 I が I_5 に等しいことを示しなさい．

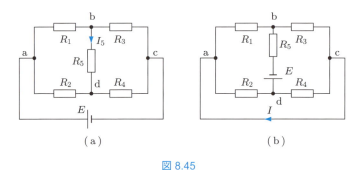

図 8.45

解 図 8.45(a) の枝路 bd の I_5 は，キルヒホッフの法則を用いて解くと，例題 7.6 の **解** に示されているように，つぎのようになる．

$$I_5 = \frac{(R_2 R_3 - R_1 R_4) E}{R_1 R_3 (R_2 + R_4) + (R_1 + R_3)\{R_2 R_4 + R_5 (R_2 + R_4)\}}$$

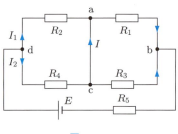

図 8.46

図 8.45(b) の回路を描き換えると，図 8.46 のようになる．枝路 da, dc の電流をそれぞれ I_1, I_2 とすると，キルヒホッフの電圧則から次式が成り立つ．

$$R_2 I_1 - R_4 I_2 = 0$$
$$R_1(I_1 + I) - R_3(I_2 - I) = 0$$
$$R_2 I_1 + R_1(I_1 + I) + R_5(I_1 + I_2) = E$$

これらの式は，整理するとつぎのようになる．

$$R_2 I_1 - R_4 I_2 = 0$$
$$R_1 I_1 - R_3 I_2 + (R_1 + R_3)I = 0$$
$$(R_1 + R_2 + R_5)I_1 + R_5 I_2 + R_1 I = E$$

上の式を連立方程式として，クラーメルの公式により，I を求めると，

$$I = \frac{\begin{vmatrix} R_2 & -R_4 & 0 \\ R_1 & -R_3 & 0 \\ R_1 + R_2 + R_5 & R_5 & E \end{vmatrix}}{\begin{vmatrix} R_2 & -R_4 & 0 \\ R_1 & -R_3 & R_1 + R_3 \\ R_1 + R_2 + R_5 & R_5 & R_1 \end{vmatrix}}$$
$$= \frac{(-R_2 R_3 + R_4 R_1)E}{-R_1 R_2 R_3 - R_4(R_1 + R_3)(R_1 + R_2 + R_5) - R_2 R_5(R_1 + R_3) + R_4 R_1{}^2}$$
$$= \frac{(R_2 R_3 - R_4 R_1)E}{R_1 R_3(R_2 + R_4) + (R_1 + R_3)\{R_2 R_4 + R_5(R_2 + R_4)\}}$$

となり，I_5 に等しく，相反の定理が成り立っている．

8.6 補償の定理

補償の定理はつぎのようにいい表される(図 8.47)．

> 一つの回路網内において，電流 I_k が流れている閉回路 k の抵抗を ΔR_k だけ変化させたとき，各閉回路に流れる電流の変化分は，回路網内の電源を取り除き，抵抗を変化させた閉回路 k に大きさが $\Delta R_k I_k$ である逆起電力を直列に挿入したときに各閉回路に流れる電流に等しい．

図 8.47(a) の回路網 N の任意の閉回路 $i(i = 1, 2, \cdots, n)$ には電流 I_i が流れており，抵抗 R_k を含む閉回路 k には電流 I_k が流れている．図 8.47(b) のように，閉回路 k の抵抗を $R_k + \Delta R_k$ に変化させると，閉回路 i の電流は $I_i + \Delta I_i$ (閉回路 k の電流は $I_k + \Delta I_k$)になる．各閉回路におけるこの電流の変化量(閉回路 k では ΔI_k)は，

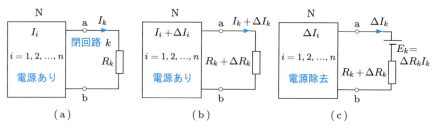

図 8.47 補償の定理

図 8.47(c) のように，閉回路 k の抵抗 $R_k + \Delta R_k$ に直列に挿入した逆起電力 $\Delta R_k I_k$ だけにより各閉回路に流れる電流に等しいのである．

▶▶ 定理の証明

図 8.48 のように，もとの閉回路 k（図 8.47(a)）に抵抗 ΔR_k と起電力 $\Delta R_k I_k$ を直列に接続した回路を考える．ここで，端子 ab 間の電圧 E は，

$$E = (R_k + \Delta R_k)I_k - \Delta R_k I_k = R_k I_k$$

となり，図 8.47(a) の回路の端子 ab 間の電圧と同じであり，回路網の電流の分布も一致していて，各閉回路 i に電流 I_i（閉回路 k には I_k）が流れている．

ところで，図 8.47(c) の回路は，回路網 N 内の電源を取り去り，起電力 $\Delta R_k I_k (= E_k)$ の向きを図 8.48 とは逆にしたものであり，各閉回路 i に電流 ΔI_i（閉回路 k には ΔI_k）が流れている．したがって，図 8.47(c) の回路と図 8.48 の回路を重ねの理を用いて重ね合わせると起電力 E_k は打ち消しあい，回路網の内部の電源の作用により，各閉回路 i に電流 $I_i + \Delta I_i$（閉回路 k には $I_k + \Delta I_k$）が流れる．

このように重ね合わせた回路は図 8.47(b) の回路に相当し，ΔI_k が閉回路 k の抵抗を ΔR_k だけ変化させたことによる電流の変化であることが示され，定理は証明された．

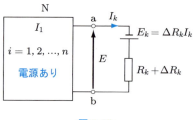

図 8.48

8.6 補償の定理

例題 8.27 図 8.49 のブリッジ回路で，R_0 を流れる電流 I_0 を求めなさい．

解 もとの回路を図 8.50(a) に示す平衡状態の回路とし，求める図 8.49 の回路は cb 間の抵抗が R_1 から $2R_1$ に変化したものとして，補償の定理を用いて解くことにする．

まず，図 (a) では，ab 間の電流 I_0' はゼロであり，cb 間の抵抗 R_1 に流れる電流を I_1 とする．つぎに，図 (b) では，cb 間の抵抗を $2R_1$ に変化させ，この抵抗に直列に逆起電力 E_R を挿入し，起電力 E を取り去ったうえで，ab 間に流れる電流 I_0'' を求める．最終的に求める電流 I_0 は，$I_0' + I_0''$ である．

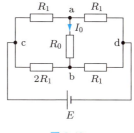

図 8.49

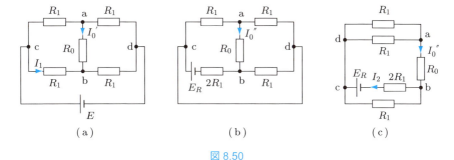

図 8.50

図 (a) で ab 間には電流が流れないので，I_1 はつぎのようになる．

$$I_1 = \frac{E}{2R_1}$$

図 (b) の逆起電力 E_R は，大きさが抵抗の変化量 R_1 ともとの回路の cb 間の電流 I_1 との積であるから $E/2$ となり，向きが図 (b) のように I_1 と逆であり，

$$E_R = \frac{E}{2}$$

となる．図 (b) の回路は図 (c) のように描き換えることができるので，ab 間の電流 I_0'' を求める．まず，図 (c) で bc 間の抵抗 $2R_1$ に流れる電流 I_2 はつぎのようになる．

$$I_2 = \frac{E_R}{2R_1 + \dfrac{R_1\left(R_0 + \dfrac{R_1}{2}\right)}{\dfrac{3R_1}{2} + R_0}}$$

並列抵抗の電流の分配則から，

$$I_0'' = \frac{R_1 I_2}{\dfrac{3R_1}{2} + R_0}$$

であり，$I_0(=I_0'+I_0'')$ は，整理するとつぎのようになる．

$$I_0 = \frac{E}{7R_1 + 6R_0}$$

例題 8.28 図 8.51 の回路において，ab 間の抵抗に流れる電流 I を補償の定理を用いて求めなさい．

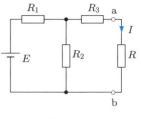

図 8.51

解 ab 間の抵抗がゼロから R に変化したものとし，変化前の ab 間の電流を図 8.52(a) のように I_S とすると，補償の定理から，電流の変化量 $\Delta I (= I - I_S)$ に相当する電流が図 (b) の回路の ab 間に流れる．図 (b) の回路は，もとの回路の図 (a) の起電力 E を取り去り，ab 間に電圧が RI_S の逆起電力と R を挿入したものである．I_S は，電源からみた合成抵抗と電流の分配則から，つぎのようになる．

$$I_S = \frac{E}{R_1 + \dfrac{R_2 R_3}{R_2 + R_3}} \times \frac{R_2}{R_2 + R_3} = \frac{R_2 E}{R_1 R_2 + R_2 R_3 + R_3 R_1} \tag{1}$$

また，図 (b) において，ΔI はつぎのようになる．

$$\Delta I = -\frac{RI_S}{R_3 + R + \dfrac{R_1 R_2}{R_1 + R_2}} \tag{2}$$

求める I は，$I_S + \Delta I$ であり，式 (1) と (2) から，整理するとつぎのようになる．

$$I = \frac{(R_1 R_2 + R_2 R_3 + R_3 R_1) I_S}{(R_3 + R)(R_1 + R_2) + R_1 R_2} = \frac{R_2 E}{(R_3 + R)(R_1 + R_2) + R_1 R_2}$$

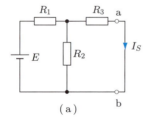
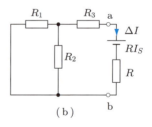

図 8.52

例題 8.29 図 8.53 の回路網の端子 ab 間に可変抵抗器が接続されていて，電流計は 3 A を示している．可変抵抗の値を 5 Ω 増やすと，電流計の指示は 2 A となった．ab 間の電流を 1 A とするには，可変抵抗の値を初めの状態から何オーム増やしたらよいか．(1) 補償の定理と，(2) テブナンの定理でそれぞれ解きなさい．

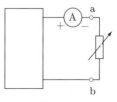

図 8.53

解 (1) 回路網内の電源を除去して端子 ab からみた回路網の抵抗（電流計の内部抵抗も含む）を R_0，ab 間の電流が 3 A である初めの状態の可変抵抗器の値を R とする．可変抵抗の値を ΔR だけ増やしたときの ab 間の電流の変化量 ΔI は，補償の定理から，図 8.54 の回路の ΔI を解けばよいことになる．この回路では，逆起電力 $3\Delta R$ により，$R_0+R+\Delta R$ の回路に ΔI が流れる．したがって，

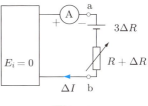

図 8.54

$$\Delta I = -\frac{3\Delta R}{R_0 + R + \Delta R}$$

であり，まず，5 Ω 増やすと 2 A 流れるから，

$$2 - 3 = -\frac{3 \times 5}{R_0 + R + 5} \qquad \therefore R_0 + R = 10 \ [\Omega]$$

となり，つぎに，ΔR 増やして 1 A 流れたとすれば，

$$1 - 3 = -\frac{3\Delta R}{R_0 + R + \Delta R} \qquad \therefore \Delta R = 20 \ \Omega$$

となる．

(2) 端子 ab からみた抵抗を R_0，ab 間の開放電圧を E_0，初めの回路の可変抵抗器の値を R，ab 間に流れる電流を 1 A とするための可変抵抗の増加分を ΔR とすると，テブナンの定理から，つぎの式が成り立つ．

$$3 = \frac{E_0}{R_0 + R}, \qquad 2 = \frac{E_0}{R_0 + R + 5}, \qquad 1 = \frac{E_0}{R_0 + R + \Delta R}$$

これらの式を連立方程式として解くと，$\Delta R = 20 \ \Omega$ が得られる．

演 習 問 題

1. 重ねの理を用いて，図 8.55 の回路の ab 間の枝路電流 I_3 がゼロとなる条件を求めなさい．

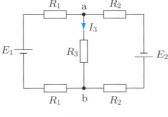

図 8.55

2. 図 8.56 のように，起電力が E で内部抵抗が r である n 個の電池を並列接続した電源に負荷抵抗 R を接続した場合，負荷抵抗に流れる電流 I をテブナンの定理を用いて求めなさ

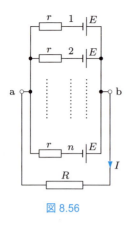

図 8.56

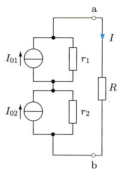

図 8.57

い．また，これらの並列接続電池をテブナンの等価回路で示しなさい．

3. 図 8.57 のように，定電流源 I_{01}，I_{02} と抵抗 r_1，r_2 からなる電源に負荷抵抗 R を端子 ab 間に接続した．負荷の電流 I をノートンの定理により求めなさい．

4. ミルマンの定理を用いて，図 8.58 に示す回路の電流 I_1，I_2，I_3 を求めなさい．
（ヒント：o'o 間の電圧をミルマンの定理で求めてから，各電流を求める．）

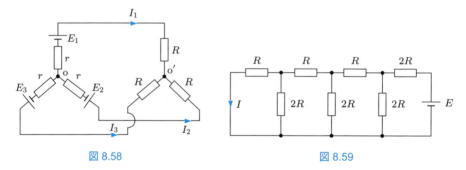

図 8.58　　　　　　　図 8.59

5. 相反の定理を適用して，図 8.59 に示す回路の左端の枝路に流れる電流 I を求めなさい．

6. 図 8.60 に示すように，回路網の端子 ab 間に接続された抵抗 R に電流 I_0 が流れている．端子 ab 間に抵抗 R と並列になるように抵抗 r を付け加えた場合に，端子 a に流れ出る電流を補償の定理により求めなさい．ただし，端子 ab を開放し，端子 ab から回路網をみた抵抗は R_0 であるとする．

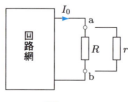

図 8.60

第9章
ホイートストン・ブリッジ回路

> **この章の目的 ▶▶▶**
>
> ブリッジ回路はやや複雑であり,回路のどこを解くかによって種々の計算方法が使われる.ブリッジ回路を理解するとともに,いろいろな方法で解けるようにする.

ホイートストン・ブリッジは直流では値のわからない抵抗を測定する回路である.図 9.1 の回路で枝路 bd 間の電流がゼロとなるブリッジ回路の平衡条件は,

$$R_1 R_4 = R_2 R_3 \tag{9.1}$$

である.そこで,たとえば R_4 の値が未知の場合,bd 間の検流計が振れなくなるようにほかの抵抗の値を変えて,$R_4 = R_2 R_3 / R_1$ から R_4 値を求めることができる.このブリッジ回路についてのおもな学習問題を,以下の 9.1〜9.5 節に分けて示す.

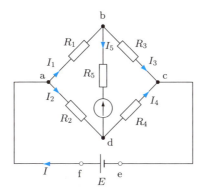

図 9.1 ホイートストン・ブリッジ回路

9.1 平衡状態にあるブリッジ回路内の未知の抵抗を求める

上述のように,式 (9.1) から一つの未知の抵抗値を求めることができる.

例題 9.1 図 9.2 のブリッジ回路は平衡状態にあるという.抵抗 R と端子 ab 間からみた抵抗 R_{ab} をそれぞれ求めなさい.

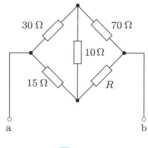

図 9.2

解 ブリッジ回路の平衡条件から,

$$30R = 15 \times 70 \quad \therefore \ R = 35 \ \Omega$$

である．平衡状態にあるので $10 \ \Omega$ の抵抗には電流が流れない．したがって，$10 \ \Omega$ の抵抗の枝路を開放することができるので，ab 間からみた抵抗 R_{ab} はつぎのようになる．

$$R_{\mathrm{ab}} = \frac{(30+70)(15+35)}{30+70+15+35} = \frac{100}{3} \ [\Omega]$$

9.2　ac 間の抵抗あるいは電流を求める

■ △ 接続 - Y 接続変換による解法

abd あるいは bcd の各点を頂点とする抵抗の △ 接続を Y 接続に変換すると，ac 間の合成抵抗が計算できるようになる．この方法を使った例が例題 5.3 に示されている．

■ キルヒホッフの法則などによる解法

キルヒホッフの法則を使うと各枝路の電流が求められるので，図 9.1 で ac 間の電流は $I_1 + I_2$ として求められる．キルヒホッフの法則による解答例を例題 7.3 に示す．なお，bd 間の抵抗 R_5 がゼロであれば ac 間の合成抵抗の計算は容易となる．

例題 9.2　電圧 E の電源に抵抗 $4R_1$ と $4R_2$ を並列に接続した回路がある．図 9.3 のように，それらの抵抗の a と b との間を電流計を介して接続した．この電流計に流れる電流を求めなさい．ただし，ac 間，be 間の抵抗はそれぞれ R_1, R_2 であり，電流計の内部抵抗は無視するものとする．

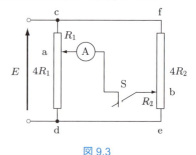

図 9.3

解 電流計の内部抵抗が無視できるので，図 9.3 の回路は図 9.4 のようになる．電源 E により回路全体に流れる電流を I とし，抵抗 R_1 に流れる電流を I_1 とすると，I_1 は電流の分配則からつぎのようになる．

$$I_1 = \frac{3R_2 I}{R_1 + 3R_2} \tag{1}$$

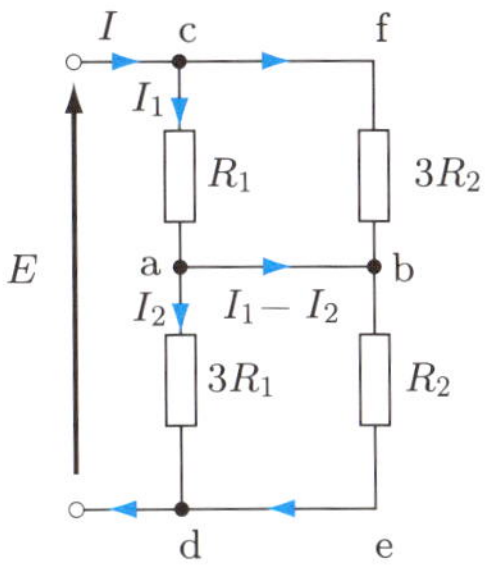

つぎに，抵抗 $3R_1$ に流れる電流を I_2 とすると，並列接続の抵抗 $3R_1$ と R_2 の全体に流れる電流は I であるから，I_2 は電流の分配則からつぎのようになる．

$$I_2 = \frac{R_2 I}{3R_1 + R_2} \tag{2}$$

図 9.4 から，I はつぎのとおりである．

$$I = \frac{E}{\dfrac{3R_1 R_2}{R_1 + 3R_2} + \dfrac{3R_1 R_2}{3R_1 + R_2}} = \frac{(R_1 + 3R_2)(3R_1 + R_2)E}{12 R_1 R_2 (R_1 + R_2)}$$

したがって，電流計を流れる電流 $I_1 - I_2$ は，式 (1) と (2) を用いて整理すると，つぎのようになる．

$$I_1 - I_2 = \frac{2E}{3(R_1 + R_2)}$$

図 9.4

9.3 bd 間の電流あるいはブリッジの平衡条件 ($I_5 = 0$) を求める

■ キルヒホッフの法則による解法

bd 間の電流を求める例も前節と同じ解答例として，例題 7.3 に示されている．

■ テブナンの定理による解法

図 9.1 で bd 間に検流計(内部抵抗が R_5)を接続する前の bd 間の電圧を E_0 とし，bd 間からみた合成抵抗を R_0 とすると，bd 間に抵抗 R_5 を接続したときにその抵抗に流れる電流 I_5 は，つぎの式から求められる．

$$I_5 = \frac{E_0}{R_0 + R_5} \tag{9.2}$$

E_0 は，図 9.1 で検流計を取り除いた図 9.5 の回路から求められる．枝路 abc, adc を流れる電流をそれぞれ I_1, I_2 とすると，E_0 は，

$$E_0 = R_3 I_1 - R_4 I_2 \tag{9.3}$$

であり，I_1 と I_2 はつぎの式から求められる．

$$I_1 = \frac{E}{R_1 + R_3}, \qquad I_2 = \frac{E}{R_2 + R_4}$$

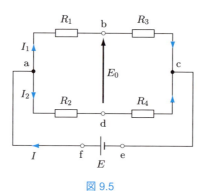

図 9.5

つぎに，E を取り去って bd からみた抵抗 R_0 を求める．図 9.5 で ef 間を短絡した回路は図 9.6 のようになる．R_0 は，R_1 と R_3 の並列接続抵抗に R_2 と R_4 の並列接続抵抗が直列につながっているので，つぎのようになる．

$$R_0 = \frac{R_1 R_3}{R_1 + R_3} + \frac{R_2 R_4}{R_2 + R_4} \tag{9.4}$$

したがって，式 (9.2) に式 (9.3)，(9.4) を代入して，I_5 はつぎのように求められる．

$$\begin{aligned}I_5 &= \frac{E_0}{R_0 + R_5} \\ &= \frac{(R_2 R_3 - R_1 R_4) E}{R_1 R_3 (R_2 + R_4) + (R_1 + R_3)(R_2 R_4 + R_2 R_5 + R_4 R_5)}\end{aligned}$$

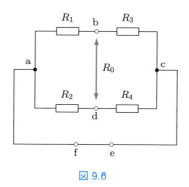

図 9.6

■ 補償の定理による解法

ブリッジのある一辺の抵抗を変化させれば平衡条件が満たされるような場合，bd間の電流を求めるのに，その一辺の抵抗が平衡状態にあるもとの回路における値から

変化したとして補償の定理を使うと，一回の電流の計算が省略できる．この例は例題 8.27 に示されている．

9.4 任意の枝路の電流を求める

■ キルヒホッフの法則による解法

キルヒホッフの法則を用いて立てた連立方程式を解くのが有効である．例題 7.3 に一例が示されている．

9.5 平衡状態での ac 間の抵抗あるいは電流を求める

電流 I_5 が流れないので，bd 間を短絡しても開放してもよく，簡単に ac 間の抵抗 R が求められる．開放すると R は，

$$R = \frac{(R_1+R_3)(R_2+R_4)}{R_1+R_2+R_3+R_4}$$

となり，つぎの平衡の条件

$$R_1 R_4 = R_2 R_3$$

を使うと，三つの抵抗値で表され，たとえば，つぎのようになる．

$$R = \frac{(R_1+R_3)R_2}{R_1+R_2}$$

例題 9.1 にも例が示されている．

例題 9.3 図 9.7 の回路で，端子 ab に 100 V を印加した場合に ab を通る電流は，スイッチ S を開いても閉じても，つねに 30 A であるという．このときの抵抗 R_3 と R_4 の値を求めなさい．ただし，$R_1 = 8\,\Omega$，$R_2 = 4\,\Omega$ とする．

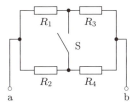

図 9.7

解 S を閉じても開いても ab 間の電流が変わらないということは，S の両端の電位が等しく，ブリッジ回路として平衡が保たれていることである．したがって，

$$R_1 R_4 = R_2 R_3 \tag{1}$$

であり，また，ab 間に 100 V を加えると 30 A 流れるので，S を閉じたときの抵抗を使うと，つぎの式が成り立つ．

$$\frac{R_1 R_2}{R_1+R_2} + \frac{R_3 R_4}{R_3+R_4} = \frac{100}{30} \tag{2}$$

R_1, R_2 に数値を代入して整理すると，式 (1)，(2) はつぎのようになる．

$$2R_4 = R_3$$

$$\frac{R_3 R_4}{R_3 + R_4} = \frac{2}{3}$$

$$\therefore R_3 = 2\,\Omega, \qquad R_4 = 1\,\Omega$$

例題 9.4 図 9.8 に示すブリッジ回路は平衡状態にあるとする．電池からみた合成抵抗 R および抵抗 R_1 に流れる電流 I_1 の全電流 I に対する比を求めなさい．

図 9.8

解 検流計には電流が流れないから，検流計を取り除いて合成抵抗 R を求めると，

$$R = \frac{(R_1 + R_3)(R_2 + R_4)}{R_1 + R_2 + R_3 + R_4} \qquad (1)$$

である．また，つぎの関係がある．

$$(R_1 + R_3)I_1 = (R_2 + R_4)I_2$$

$$\therefore \frac{I_2}{I_1} = \frac{R_1 + R_3}{R_2 + R_4} \qquad (2)$$

式 (2) の両辺に 1 を加えて，$I = I_1 + I_2$ の関係を用いると，つぎのようになる．

$$\frac{I}{I_1} = \frac{R_1 + R_3 + R_2 + R_4}{R_2 + R_4} \qquad (3)$$

題意から，

$$\frac{R_1}{R_2} = \frac{R_3}{R_4}$$

であり，この関係を用いると，式 (1)，(3) はつぎのようになる．

$$R = \frac{R_1(R_2 + R_4)}{R_1 + R_2} = \frac{R_2(R_1 + R_3)}{R_1 + R_2} = \frac{R_3(R_2 + R_4)}{R_3 + R_4} = \frac{R_4(R_1 + R_3)}{R_3 + R_4}$$

$$\frac{I}{I_1} = \frac{R_1 + R_2}{R_2} = \frac{R_3 + R_4}{R_4}$$

◆ なお，ほかの章のブリッジ回路に関する問題 (9.1〜9.3 節で取り上げた分は除く) は，例題 4.5，4.6 と例題 7.4，7.6，7.8 および第 7 章の演習問題 2 にもある．

演習問題

1. 図 9.9 のブリッジ回路は平衡状態にあるという．網目法を用いて回路方程式を立てて，抵抗 R を求めなさい．

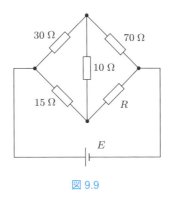

図 9.9

2. 図 9.9 のブリッジ回路は平衡状態にあるという．テブナンの定理を用いて 10 Ω の抵抗に流れる電流を求め，抵抗 R を求めなさい．
3. 図 9.10 のブリッジ回路で，接続点 ab 間の抵抗 R_0 に流れる電流 I_0 を，キルヒホッフの第 2 法則を用いて求めなさい．

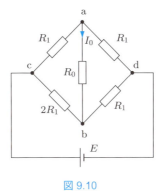

図 9.10

第10章

電力と電力量

この章の目的 ▶▶▶

電圧，電流とともに電気量である電力と電気のエネルギーあるいは仕事である電力量を理解し，回路の電力や電力量を算出できるようにする．また，電源と負荷の整合と最大電力について学ぶ．

10.1 電力

加えられている電圧と流れている電流の積が**電力**であり，一般的には P で表される．単位は**ワット**であり，その記号は W である．電力は毎秒なされる電気的仕事であり，単位として W の代わりに J/s (**ジュール／秒**) でも表される．なお，ワットの 10^{-6} 倍，10^{-3} 倍，10^{3} 倍，10^{6} 倍は，それぞれ，マイクロワット [μW]，ミリワット [mW]，キロワット [kW]，メガワット [MW] である．

図 10.1 の回路のように，印加電圧が E [V] で，流れる電流が I [A] である負荷抵抗 R [Ω] で消費される電力 P [W] はつぎのとおりである．

$$P = EI = \frac{E^2}{R} = I^2 R \tag{10.1}$$

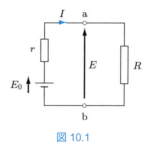

図 10.1

例題 10.1 抵抗値が 1 Ω，100 Ω，10 kΩ，1 MΩ で許容電力が 1 W の抵抗器がある．それぞれの抵抗器の最大電流はいくらか．

解 抵抗 R に電流 I が流れているときの電力 P は RI^2 であるので，

$$I = \sqrt{\frac{P}{R}} = \sqrt{\frac{1}{R}} \text{ [A]}$$

となる．これから，最大電流は，1 Ω が 1 A，100 Ω が 100 mA，10 kΩ が 10 mA，1 MΩ が 1 mA である．

例題 10.2 定格が 100 V で 800 W の電熱ヒーターがある．つぎの場合の消費電力を求めなさい．

(1) 90 V で使用した場合
(2) 110 V で使用した場合

解 ヒーターの抵抗 R は $100^2/800 = 12.5$ [Ω] であるから，

(1) $\dfrac{90^2}{12.5} = 648$ [W]   (2) $\dfrac{110^2}{12.5} = 968$ [W]

10.2 電力量

電力と時間の積が**電力量**であり，W と表すことが多い．**エネルギー**あるいは**仕事**と同じ物理量であり，電気ではとくに電力量という用語が使われる．単位はワット時であり，記号は W·h である．ちなみに，1 ワット秒 (W·s) は 1 **ジュール** (J) † である．

ジュールの法則によると，時間 t [s] にわたって抵抗 R [Ω] に電流 I [A] を流すと I^2Rt [J] に相当する電力量が熱エネルギーとなり，抵抗に熱が発生する．この熱を**ジュール熱**という．

例題 10.3 100 V で 800 W のニクロム線ヒーターを 20 % だけ短くして 100 V で使用すると，消費電力 P はどうなるか．また，3 時間使用したときに消費される電力量 W を W·h と J の単位で示しなさい．

解 もとのヒーターの抵抗値は $100^2/800 = 12.5$ [Ω] である．長さが 20 % 短くなった場合の抵抗は，12.5×0.8 [Ω] となる．したがって，

$$P = \frac{100^2}{12.5 \times 0.8} = 1000 \text{ [W]}$$

である．また，

$$W = 3000 \text{ [W·h]} = 1.08 \times 10^7 \text{ [J]}$$

である．

---

† 熱量としてのエネルギーの旧単位であるカロリー (cal) とジュール (J) との間には，1 cal = 4.1855 J の関係がある．

例題 10.4 150 リットルの風呂水を 22 ℃ から 42 ℃ まで 30 分間で加熱するのに，投げ込み式の電熱ヒーターを用いたい．ヒーターの消費電力はいくらにすればよいか．1 g の水の温度を 1 ℃ 上昇させるのに必要なエネルギーを 4.2 J とする．また，熱は逃げず，熱効率は 100 % とするとともに，1 リットルの水は 1 kg とする．

解 風呂水を加熱するのに必要な熱量は，$150 \times 10^3 \times (42 - 22) \times 4.2$ [J] である．一方，消費電力 P [W] のヒーターを 30 分間通電するときに発生する熱量は，$P \times 30 \times 60$ [J] である．この二つの熱量は等しいので，

$$P \times 30 \times 60 = 150 \times 10^3 \times (42 - 22) \times 4.2$$

$$\therefore \ P = 7000 \ \mathrm{W}$$

10.3 最大電力

図 10.2 のように，起電力が E_0 で内部抵抗が r の電源に，負荷抵抗 R が接続されているときに，電源がこの負荷に供給できる電力 P の最大値を求めてみる．

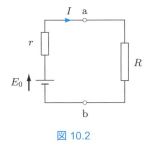

図 10.2

負荷に流れる電流 I と負荷の電力 P は，それぞれつぎのようになる．

$$I = \frac{E_0}{R + r}, \qquad P = I^2 R = \frac{E_0{}^2 R}{(R + r)^2} \tag{10.2}$$

式 (10.2) はつぎのように変形できる．

$$P = \frac{E_0{}^2}{\left(\sqrt{R} + \dfrac{r}{\sqrt{R}}\right)^2} = \frac{E_0{}^2}{\left(\sqrt{R} - \dfrac{r}{\sqrt{R}}\right)^2 + 4r}$$

P が最大となるのは，分母の $(\sqrt{R} - r/\sqrt{R})^2$ がゼロの場合，すなわち，つぎの場合である．

$$R = r \tag{10.3}$$

負荷 R の大きさを変化させると，図 10.3 に示すように，電力 P は変化する．すな

わち，P は，R の増加とともに増え，R が r に等しいときに最大 P_M となり，R の増加とともに減少する．このように，負荷に供給される電力は，負荷の抵抗値が電源の内部抵抗値に等しいときに最大となるのである．負荷と電源の抵抗値を等しくすることを，負荷と電源の**整合**をとるという．**最大電力** P_M はつぎのようになる．

$$P_M = \frac{E_0{}^2}{4r} \tag{10.4}$$

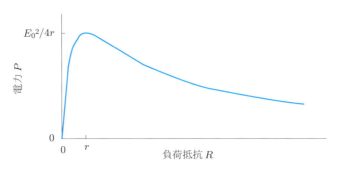

図 10.3　負荷の電力の変化

例題 10.5　つぎの文章で，正しいものには○印を，間違っているものには×印をつけなさい．
(1) 内部抵抗 r の電源から抵抗 R の負荷に供給する電力が最大となる条件は $R = 2r$ である．
(2) 抵抗に一定の電圧を加えたとき，その抵抗内で消費される電力はその抵抗値に比例する．
(3) 抵抗値が 50 Ω（温度で変わらないとする）の電熱器を 100 V の電源（内部抵抗はゼロ）につなぎ，電流を 2 時間流すと，消費される電力量は 400 W·h である．
(4) 電力の単位 W（ワット）と時間の単位 s（秒），仕事あるいはエネルギーの単位 J（ジュール）との間には，W/s = J の関係がある．
(5) 電力 × 時間は仕事あるいはエネルギーであり，とくに電力量とよばれる．

解　(1) ×　(2) ×　(3) ○　(4) ×　(5) ○

例題 10.6　図 10.4 のように内部コンダクタンス G_0 を含む電流源に，コンダクタンスが G_L である負荷が接続されている．負荷で消費される電力が最大となる負荷のコンダクタンス G_{LM} と最大電力 P_M を求めなさい．

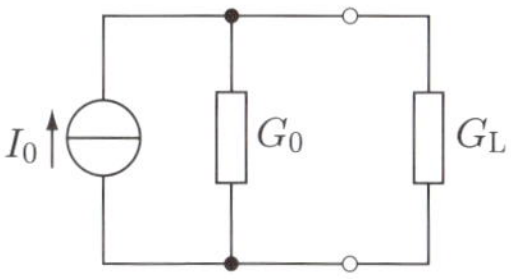

図 10.4

解　負荷にかかる電圧を E とすると，つぎの式が成り立つ．

$$(G_0 + G_L)E = I_0 \tag{1}$$

負荷に消費される電力を P とすると，負荷に流れる電流が $G_L E$ であるので，

$$P = G_L E^2 \tag{2}$$

である．式 (1) を式 (2) に代入し，変形すると次式のようになる．

$$P = \frac{G_L I_0^2}{(G_0 + G_L)^2} = \frac{I_0^2}{\left(\dfrac{G_0}{\sqrt{G_L}} + \sqrt{G_L}\right)^2}$$

$$= \frac{I_0^2}{\left(\dfrac{G_0}{\sqrt{G_L}} - \sqrt{G_L}\right)^2 + 4G_0} \tag{3}$$

式 (3) で P が最大となるのは，分母の 2 乗の項がゼロとなり，分母が最小となるときであるので，

$$G_{LM} = G_0$$

である．このときの電力 P_M はつぎのとおりである．

$$P_M = \frac{I_0^2}{4G_0}$$

例題 10.7 図 10.5 の回路において，抵抗 R_3 で消費される電力が最大となる場合の R_3 の値と，その最大電力 P_M をそれぞれ求めなさい．ただし，$E_1 = 30$ V，$E_2 = 15$ V，$R_1 = 2$ Ω，$R_2 = 3$ Ω とする．

解 まず，端子 ab から左をみた回路のテブナンの等価回路を求める．そのため，端子 ab に接続されている抵抗 R_3 を外したときに，ab 間の開放電圧 E_0 を求める．二つの電源と二つの抵抗からなる閉回路を右回りに流れる電流を I とし，キルヒホッフの第 2 法則を適用すると，

$$(R_1 + R_2)I = E_1 - E_2$$

であり，

$$I = \frac{E_1 - E_2}{R_1 + R_2}$$

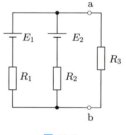

図 10.5

となるので，E_0 はつぎのようになる．

$$E_0 = E_1 - R_1 I = \frac{R_2 E_1 + R_1 E_2}{R_1 + R_2} = \frac{3 \times 30 + 2 \times 15}{2 + 3} = 24 \text{ [V]}$$

端子 ab から左をみた抵抗 R_0 は，

$$R_0 = \frac{R_1 R_2}{R_1 + R_2} = \frac{2 \times 3}{2 + 3} = 1.2 \text{ [Ω]}$$

である．これらの結果から，図 10.6 に図 10.5 の回路の等価回路を示す．この回路の抵抗 R_3 で消費される電力が最大となるのは，$R_3 = R_0$ のときである．

したがって，

$$R_3 = R_0 = 1.2 \,[\Omega]$$

であり，このとき，流れる電流 I_M は，

$$I_M = \frac{E_0}{2R_3}$$

である．ゆえに，最大電力 P_M はつぎのようになる．

$$P_M = I_M{}^2 R_3 = \frac{E_0{}^2}{4R_3} = \frac{24^2}{4 \times 1.2} = 120 \,[W]$$

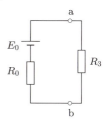

図 10.6

例題 10.8 図 10.7 に示すように，ab 間に r_0 なる一定抵抗があり，これと並列に r なる可変抵抗を接続し，全電流 I_0 を一定に保持するとすれば，可変抵抗 r がどのような値のときに抵抗 r に消費される電力が最大となるか．また，その最大電力 P_M を求めなさい．

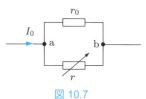

図 10.7

解 全電流 I_0 が二つの抵抗に分かれて流れるが，可変抵抗 r に流れる電流 I は，電流の分配則からつぎのとおりである．

$$I = \frac{r_0 I_0}{r_0 + r}$$

可変抵抗 r に消費される電力 P は，次式のようになる．

$$P = I^2 r = \frac{r r_0{}^2 I_0{}^2}{(r_0 + r)^2} \qquad (1)$$

P が最大となる r は，つぎの式 (2) から求められる．

$$\frac{dP}{dr} = 0 \qquad (2)$$

$$\frac{dP}{dr} = \frac{r_0{}^2 I_0{}^2}{(r_0 + r)^2} - \frac{2 r r_0{}^2 I_0{}^2}{(r_0 + r)^3} = \frac{r_0{}^2 I_0{}^2 (r_0 - r)}{(r_0 + r)^3} = 0 \qquad (3)$$

$$\therefore r = r_0 \qquad (4)$$

式 (3) から，$r < r_0$ では $dP/dr > 0$ であり，$r > r_0$ では $dP/dr < 0$ であるので，$r = r_0$ で P が最大となることがわかる．このときの電力 P_M は，式 (1) に式 (4) を代入して次式のようになる．

$$P_M = \frac{r_0{}^3 I_0{}^2}{(2r_0)^2} = \frac{r_0 I_0{}^2}{4}$$

別解 電力 P が最大となる条件の別の求め方を示す．式 (1) を変形すると，つぎのようになる．

$$P = \frac{rr_0{}^2 I_0{}^2}{(r_0 + r)^2} = \frac{r_0{}^2 I_0{}^2}{\left(\dfrac{r_0}{\sqrt{r}} + \sqrt{r}\right)^2}$$

$$= \frac{r_0{}^2 I_0{}^2}{\left(\dfrac{r_0}{\sqrt{r}} - \sqrt{r}\right)^2 + 4r_0} \tag{5}$$

P が最大となるのは，式 (5) の分母が最小のときであり，2 乗の項がゼロとなるときである．したがって，つぎのとおりである．

$$r = r_0$$

演 習 問 題

1. 100 V で 800 W のニクロム線ヒーターを規定よりも 20 ％だけ長くして，100 V で使用すると消費電力は何ワットになるか．また，3 時間使用したときに消費される電力量を W·h と J の単位で示しなさい．

2. 図 10.8 の回路で抵抗 R_1, R_2, R_3 でそれぞれ消費される電力を求めなさい．また，30 分間通電した場合，電源が供給した電力量はいくらになるか．ただし，$R_1 = 40\ \Omega$，$R_2 = 150\ \Omega$，$R_3 = 100\ \Omega$，$E = 100\ \text{V}$ とする．

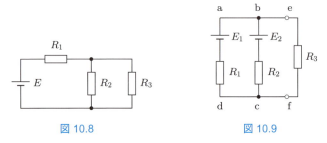

図 10.8　　　　　　　図 10.9

3. 起電力が 2 V で内部抵抗が 0.5 Ω の蓄電池が 162 個ある．これらの電池を 1 Ω の抵抗線に接続し，抵抗線に供給する電力が最大となるようにするには，電池をどのように接続したらよいか．また，そのときの電流はいくらか．

4. 図 10.8 のように，抵抗 R_1, R_2, R_3 からなる回路に一定電圧 E を加え，R_1, R_2 を一定に保ち，R_3 を変えた場合，R_3 で消費される電力が最大となる R_3 の値を求めなさい．

5. 図 10.9 において，回路で端子 ef 間に接続した抵抗 R_3 で消費される最大電力を求めなさい．ただし，$E_1 = 7.6\ \text{V}$，$E_2 = 11.4\ \text{V}$，$R_1 = 4\ \Omega$，$R_2 = 9\ \Omega$ とする．
　　（ヒント：テブナンの等価回路を求めて，最大電力の条件から求める．）

付　録

付録1　基礎技術用語集

開　放　回路が閉じられていなく，電流が流れない状態をいう．オープン（open, open circuit）ともいう．

開放電圧　外に何も接続されていなく開放された端子にあらわれている電圧である．open circuit voltage.

起電力　電位差をつくる電気的な力である．単位は電圧と同じで，ボルト（記号は V）である．電池などの電源はこの起電力と内部抵抗をもっている．electromotive force.

交　流　大きさと流れる向きが時間的に変化する電気である．AC（alternating current）．

最大目盛　電圧計，電流計などのメーターで測ることのできる最大の値である．maximum scale.

枝　路　分岐（枝分かれ）した回路，すなわち，接続点を結ぶ回路であり，辺ともいう．branch.

接続点　三つ以上の回路素子が結ばれている点．三つ以上の枝路が集まっている点ともいえる．節点ともいう．junction point.

接　地　地球の大地に接続し，ゼロ電位にすることを接地する（アース（earth）をとる）という．ground.

節　点　同じ三つ以上の回路素子が結ばれている点．三つ以上の枝路が集まっている点ともいえる．接続点ともいう．node.

帯電体　ある物が電気を帯びることを帯電といい，その物を帯電体とよぶ．荷電体ということもある．charged body.

端　子　直流回路では，電流の流入する端子と流出する端子の一対からなる．電源端子，抵抗の端子，回路の端子，端子電圧などの用語がある．terminal.

端子電圧　端子にあらわれている電圧である．電源では，起電力から電源の内部抵抗での電圧降下を差し引いた電圧を電源の端子電圧という．terminal voltage.

短　絡　端子あるいは回路素子間などが導線で接続され，その間に電位差が生じない状態をいう．ショート（short, short circuit）ともいう．

直　流　時間的に変化しない電気．DC（direct current）．

定　格　定格電圧（rated voltage），定格電流（rated current），定格電力（rated

power)などのように許容される値を定めたもの．最大定格は使用できる最大値をいう．rating.

抵　抗 電流を運ぶ電子が物質の中を移動するときにその動きを妨げる作用が生じる．これが抵抗である．抵抗の単位はオーム（記号は Ω）である．抵抗器は電流の大きさを定める素子である．resistance.

電　圧 2 点間の電位の差を電位差といい，この電位差を電圧という．単位はボルト（記号は V）である．電圧の存在は矢印で示し，電圧の正の方は矢の先端にする．voltage.

電圧降下 電気回路において，電流が抵抗に流れると，抵抗の出口の電位は抵抗の入口の電位よりも低くなる．この低下を電流が抵抗に流れたことによる電圧降下とよぶ．電気の供給を受ける負荷（負荷の項を参照）での電圧降下は負荷電圧ともいう．電流（I）と抵抗（R），電圧降下（E）との間には $E = R \times I$ の関係があり，単位は電圧と同じボルト（記号は V）である．voltage drop.

電　位 パイプの中に水を流すには，パイプの両端に圧力差があればよい．これと同じように，電流を流すためには両端子間に電位の差があればよい．すなわち，電流は電位の高い方から低い方へ流れる．電位の基準は大地（地球）にとり，これを電位ゼロとする．electric potential.

電 位 差 2 点間の電位の差を電位差といい，この電位差が電圧でもある．electric potential difference.

電　荷 帯電体のもつ電気を電荷とよぶ．電荷の単位はクーロン（記号は C）である．electric charge.

電　源 定常的に起電力を発生させて，電流を流すもとになる装置が電源である．電圧源と電流源とがある．電圧源は起電力と内部抵抗からなっている．電池，発電機，太陽電池，熱電対などは電源である．electric source, power source.

電　子 もっとも微小な帯電体（荷電粒子）が，負の電荷をもつ電子である．電子の電荷量の大きさは 1.602×10^{-19} C であり，その静止質量は 9.109×10^{-31} kg である．導体に電流が流れるのは電子が移動するためである．electron.

電　流 電気を帯びた帯電体（電子など）が導体中を移動すると電荷が移動し，電流が流れる．電流は単位時間に移動する電荷量（電気量）で表し，その単位はアンペア（記号は A）であり，1 秒間に 1 C の電荷が流れると，1 A の電流が流れることになる．電子の移動する方向と逆の方向を電流の正の方向とする．current.

電流容量 導線や電流計，電気器具などで，流す（測る）ことができる最大の電流をい

う．current capacity.

導　　体 電気を通すもの．銅などの金属などのほか絶縁体を除くもの．電気は導体（導線，電線）を流れる．conductor.

内部抵抗 電圧計，電流計，電池などの内部に含まれる抵抗である．internal resistance.

倍 率 器 高い電圧を測定するため，電圧計に直列に接続するものが倍率器で，抵抗器からできている．multiplier.

負　　荷 電源から電気の供給を受けて電気を消費し，何らかのはたらきをするものが負荷であり，抵抗，電球，モーターなどがその例である．load.

分　　圧 回路素子を直列接続して，電圧を小さく分ける．voltage division.

分　　流 回路素子を並列接続して，電流を枝分かれさせる．電流は小さくなる．電流を分配するともいう．current division.

分 流 器 大きな電流を測定するため，電流計と並列に接続するものが分流器で，抵抗器からつくられている．shunt.

閉 回 路 電流が流れる通路が循環していて，任意の1点から同じ枝路は1回だけ通ってもとの点にたどれるような電気回路である．閉路，網目（mesh），ループ（loop）ともいう．closed circuit.

付録2　電気回路の物理量と単位

物理量	記号	単位名	単位記号	備考
電荷	Q	クーロン	C	
電流	I, i	アンペア	A	
電圧，電位差，電位	E, e	ボルト	V	記号として V, v も使われる
電力	P	ワット	W	
電力量（仕事，エネルギー）	W	ジュール ワット時	J W·h	単位 $[J/s] = [W]$
抵抗	R, r	オーム	Ω	コンダクタンスは $1/R$
抵抗率	ρ	オーム・メートル	Ω·m	
コンダクタンス	G, g	ジーメンス	S	抵抗は $1/G$
導電率	σ	ジーメンス／メートル	S/m	$\sigma = 1/\rho$

付録3　単位の倍数

倍　数	よび名	記　号	使用例
10^{-15}	フェムト	f	フェムト秒 fs
10^{-12}	ピコ	p	ピコアンペア pA
10^{-9}	ナノ	n	ナノメートル nm
10^{-6}	マイクロ	μ	マイクロアンペア μA
10^{-3}	ミリ	m	ミリボルト mV
10^{3}	キロ	k	キロオーム kΩ
10^{6}	メガ	M	メガボルト MV
10^{9}	ギガ	G	ギガヘルツ GHz
10^{12}	テラ	T	テラヘルツ THz

付録4　クラーメルの公式

　変数(未知数)が二つの連立二元一次方程式と変数が三つの連立三元一次方程式について，**クラーメルの公式**による解法を示す．

(1) 連立二元一次方程式の解法

　I_1 と I_2 が変数であるつぎの連立方程式

$$a_{11}I_1 + a_{12}I_2 = E_1$$
$$a_{21}I_1 + a_{22}I_2 = E_2$$

を**行列**で表せば，つぎのようになる．

$$\begin{pmatrix} a_{11} & a_{12} \\ a_{21} & a_{22} \end{pmatrix} \begin{pmatrix} I_1 \\ I_2 \end{pmatrix} = \begin{pmatrix} E_1 \\ E_2 \end{pmatrix} \qquad (1)$$

　式(1)の a_{11}, a_{12}, a_{21}, a_{22} を要素とした行列の**行列式**を Δ とすると，

$$\Delta = \begin{vmatrix} a_{11} & a_{12} \\ a_{21} & a_{22} \end{vmatrix} = a_{11}a_{22} - a_{12}a_{21}$$

である．ここで，行列式 Δ は，要素を左肩上がりに斜めに掛けた $a_{11}a_{22}$ から右肩上がりに斜めに掛けた $a_{21}a_{12}$ を差し引いた値として展開される．

　つぎに，式(1)の同じ行列の第1列の要素(I_1 の係数)を右辺の E_1, E_2 でおき換えた行列式を Δ_1，第2列の要素(I_2 の係数)を右辺の E_1, E_2 でおき換えた行列式を Δ_2 とそれぞれおくと，つぎのようになる．

$$\Delta_1 = \begin{vmatrix} E_1 & a_{12} \\ E_2 & a_{22} \end{vmatrix} = a_{22}E_1 - a_{12}E_2$$

$$\Delta_2 = \begin{vmatrix} a_{11} & E_1 \\ a_{21} & E_2 \end{vmatrix} = a_{11}E_2 - a_{21}E_1$$

このようにすると，変数の I_1，I_2 はつぎのように求めることができる．

$$I_1 = \frac{\Delta_1}{\Delta} = \frac{a_{22}E_1 - a_{12}E_2}{a_{11}a_{22} - a_{12}a_{21}}$$

$$I_2 = \frac{\Delta_2}{\Delta} = \frac{a_{11}E_2 - a_{21}E_1}{a_{11}a_{22} - a_{12}a_{21}}$$

(2) 連立三元一次方程式の解法

I_1，I_2，I_3 の三つが未知数のつぎの連立三元方程式

$$a_{11}I_1 + a_{12}I_2 + a_{13}I_3 = E_1$$
$$a_{21}I_1 + a_{22}I_2 + a_{23}I_3 = E_2$$
$$a_{31}I_1 + a_{32}I_2 + a_{33}I_3 = E_3$$

または，行列で表したつぎの式

$$\begin{pmatrix} a_{l1} & a_{12} & a_{13} \\ a_{21} & a_{22} & a_{23} \\ a_{31} & a_{32} & a_{33} \end{pmatrix} \begin{pmatrix} I_1 \\ I_2 \\ I_3 \end{pmatrix} = \begin{pmatrix} E_1 \\ E_2 \\ E_3 \end{pmatrix} \tag{2}$$

の解を求める．まず，式 (2) の要素 a_{11}〜a_{33} の行列の行列式 Δ を求めると，

$$\Delta = \begin{vmatrix} a_{11} & a_{12} & a_{13} \\ a_{21} & a_{22} & a_{23} \\ a_{31} & a_{32} & a_{33} \end{vmatrix}$$

となる．この行列式を展開してその値を求める方法は付図のとおりである．

すなわち，3 行 3 列の行列式では，三つの要素を上のように斜めに掛け合わせたものを一方向では加え，ほかの方向では引くことにより展開できる．

つぎに，式 (2) の要素 a_{11}〜a_{33} の行列の第 1 列の要素 (I_1 の係数) を右辺の E_1，E_2，E_3 でおき換えた行列式を Δ_1，第 2 列の要素 (I_2 の係数) を右辺の E_1，E_2，E_3 でおき換えた行列式を Δ_2，第 3 列の要素 (I_3 の係数) を右辺の E_1，E_2，E_3 でおき換えた行列式を Δ_3 とそれぞれおくと，つぎのようになる．

$$\Delta_1 = \begin{vmatrix} E_1 & a_{12} & a_{13} \\ E_2 & a_{22} & a_{23} \\ E_3 & a_{32} & a_{33} \end{vmatrix}$$

$$\Delta = \begin{vmatrix} a_{11} & a_{12} & a_{13} \\ a_{21} & a_{22} & a_{23} \\ a_{31} & a_{32} & a_{33} \end{vmatrix}$$

$$= a_{11}a_{22}a_{33} + a_{12}a_{23}a_{31} + a_{13}a_{21}a_{32} - (a_{11}a_{23}a_{32} + a_{12}a_{21}a_{33} + a_{13}a_{22}a_{31})$$

付　図

$$= a_{22}a_{33}E_1 + a_{13}a_{32}E_2 + a_{12}a_{23}E_3 - (a_{23}a_{32}E_1 + a_{12}a_{33}E_2 + a_{13}a_{22}E_3)$$

$$\Delta_2 = \begin{vmatrix} a_{11} & E_1 & a_{13} \\ a_{21} & E_2 & a_{23} \\ a_{31} & E_3 & a_{33} \end{vmatrix}$$

$$= a_{11}a_{33}E_2 + a_{13}a_{21}E_3 + a_{23}a_{31}E_1 - (a_{13}a_{31}E_2 + a_{11}a_{23}E_3 + a_{21}a_{33}E_1)$$

$$\Delta_3 = \begin{vmatrix} a_{11} & a_{12} & E_1 \\ a_{21} & a_{22} & E_2 \\ a_{31} & a_{32} & E_3 \end{vmatrix}$$

$$= a_{11}a_{22}E_3 + a_{21}a_{32}E_1 + a_{12}a_{31}E_2 - (a_{12}a_{21}E_3 + a_{22}a_{31}E_1 + a_{11}a_{32}E_2)$$

以上の結果を用いて，I_1，I_2，I_3 は次式によって求められる．

$$I_1 = \frac{\Delta_1}{\Delta}, \quad I_2 = \frac{\Delta_2}{\Delta}, \quad I_3 = \frac{\Delta_3}{\Delta}$$

演習問題の解答

第2章

1. (1) 0.5 Ω　(2) 25 Ω　(3) 5 kΩ　(4) 0.125 S　(5) 5 μS　(6) 250 S
2. π
3. $R = 90.9$ Ω,　$I = 1.1$ A
4. $R = 10$ Ω,　$E = 100$ V
5. $I_2 = 7.5$ A

第3章

1. (1) 1 mS　(2) 1.03 Ω　(3) 60 Ω
2. $I = 0.5$ A,　$E_{30} = 15$ V,　$E_{50} = 25$ V,　$E_{120} = 60$ V
3. $E_1 = 30$ V,　$E_2 = 65$ V,　$R_2 = 130$ Ω
4. $\dfrac{RE_2}{E_1 - E_2}$ [Ω]
5. $E_{ab} = \dfrac{-R_1 E_0}{R_1 + R_2}$ [V],　$E_{ac} = \dfrac{R_2 E_0}{R_1 + R_2}$ [V]

第4章

1. (1) 4 Ω　(2) 0.008 Ω　(3) 50 Ω
2. $I_{12} = 5$ A,　$I_{20} = 3$ A,　$I_{30} = 2$ A
3. $R_0 = 2$ Ω
4. $R_1 = 2$ Ω,　$R_2 = 1$ Ω
5. $R_3 = 10$ Ω,　$R_4 = 30$ Ω,　$I_2 = 8$ A,　$I_3 = 2$ A,　$E_2 = 80$ V,　$E_3 = 20$ V,　$E_4 = 60$ V
6. 1.0002×10^{-3} Ω

第5章

1. 3.33 Ω
2. $R_3 = \dfrac{R_1{}^2}{R_2} + 2R_1$,　$R_4 = R_1 + 2R_2$
3. $G_A = \dfrac{g_a g_b + g_b g_c + g_c g_a}{g_a}$,　$G_B = \dfrac{g_a g_b + g_b g_c + g_c g_a}{g_b}$,　$G_C = \dfrac{g_a g_b + g_b g_c + g_c g_a}{g_c}$

第6章

1. (1) rI (2) $\dfrac{rRI}{r+R}$
2. 5.4 Ω, 108 V
3. $I = 16.9$ A
4. $E = 3$ V, $r = 0.6$ Ω
5. $r_A = 0.370$ Ω, $r_B = 3.90$ Ω

第7章

1. $I_1 = 5$ A, $I_2 = 2.5$ A, $E = 0.75$ V
2. $I_1 = 6$ A, $I_2 = 9$ A, $I_3 = -3$ A
3. $I = \dfrac{2E}{11R}$
4. $2R$
5. $E_{ab} = \dfrac{G_2 I_1 - G_1 I_2}{G_1 G_2 + G_2 G_3 + G_3 G_1}$

第8章

1. $\dfrac{E_1}{E_2} = \dfrac{R_1}{R_2}$
2. $I = \dfrac{E}{\dfrac{r}{n} + R}$

   解図
3. $I = \dfrac{r_1 I_{01} + r_2 I_{02}}{r_1 + r_2 + R}$
4. $I_1 = \dfrac{2E_1 - E_2 - E_3}{3r + 3R}$, $I_2 = \dfrac{2E_2 - E_3 - E_1}{3r + 3R}$, $I_3 = \dfrac{2E_3 - E_1 - E_2}{3r + 3R}$
5. $I = \dfrac{E}{16R}$
6. $\dfrac{(R+r)(R+R_0)I_0}{R_0(R+r) + Rr}$

第9章

1. $R = 35$ Ω
2. $R = 35$ Ω
3. $I_0 = \dfrac{E}{7R_1 + 6R_0}$

第 10 章

1. 666.7 W, 2000 W·h, 7.2×10^6 J
2. R_1 で 40 W, R_2 で 24 W, R_3 で 36 W, 50 W·h
3. 並列に 9 個ずつ接続したものを直列に 18 個接続する. 18 A
4. $R_3 = \dfrac{R_1 R_2}{R_1 + R_2}$
5. 6.94 W

索　引

▶ **あ　行**

網目(mesh)　10, 63
網目電流(mesh current)　63
網目法(mesh method)　63
アンペア(ampere)　2
オーム(ohm)　4
オームの法則(Ohm's law)　8
温度係数(temperature coefficient)　6

▶ **か　行**

開放(open circuit)　10, 125
開放電圧(open circuit voltage)　10, 46, 125
可逆の定理(reciprocity theorem)　102
重ねの理(superposition theorem)　78
環状接続(ring connection)　39
起電力(electromotive force)　2, 45, 125
行列(matrix)　128
行列式(determinant)　128
キルヒホッフの法則(Kirchhoff's laws)　58
クーロン(coulomb)　2
クラーメルの公式(Cramer's formula)　62, 128
検流計(galvanometer)　2
交流(alternating current)　1, 125
固有抵抗(resistivity)　5
コンダクタンス(conductance)　4, 15, 25

▶ **さ　行**

最大電力(available power)　121
最大目盛(maximum scale)　20, 35, 125
三角接続(delta connection)　39
ジーメンス(siemens)　4
ジュール(joule)　118
ジュール熱(Joule heat)　119
ジュールの法則(Joule's law)　119
枝路(branch)　10, 125
枝路電流(branch current)　63
整合(matching)　121
正電荷(positive charge)　2
接続点(junction point)　10, 125
接続点法(junction method)　70
接地(ground)　2, 125
節点(node)　10, 125
節点法(node(-voltage) method)　70
節点方程式(node equation)　71
双対(duality)　94, 95
相反の定理(reciprocity theorem)　102

▶ **た　行**

帯電体(charged body)　2, 125
端子(terminal)　9, 125
端子電圧(terminal voltage)　125
短絡(short circuit)　10, 125
短絡電流(short circuit current)　46, 47
直流(direct current)　1, 125
直列接続(series connection)　14
定格(rating)　20, 35, 125
定格電圧(rated voltage)　125
定格電流(rated current)　125
定格電力(rated power)　125
抵抗(electric resistance, resistance)　2, 4, 126
抵抗率(resistivity)　5
テブナンの定理(Thévenin's theorem)　86
テブナンの等価回路(Thévenin's equivalent circuit)　88
Δ接続(delta (Δ) connection)　39
Δ-Y変換(Δ-Y conversion)　39

索 引

電圧(voltage)　2, 126
電圧計(voltmeter)　2
電圧源(voltage source)　2, 45
電圧降下(voltage drop)　8, 10, 126
電圧則(voltage law)　59
電位(electric potential)　1, 126
電位差(electric potential difference)　1, 126
電荷(electric charge)　2, 126
電気抵抗(electric resistance)　4, 8
電源(electric source, power source)　2, 45, 126
電子(electron)　2, 126
電池(cell, battery)　49
電池の接続(cell connection)　49
電流(electric current)　1, 2, 126
電流計(ammeter)　2
電流源(current source)　47
電流則(current law)　58
電流容量(current capacity)　35, 126
電力(electric power)　118
電力量(electric energy)　119
等価回路(equivalent circuit)　30
導体(conductor)　4, 127
導電率(conductivity)　5

▶ な 行

内部抵抗(internal resistance)　9, 20, 35, 45, 127
ノートンの定理(Norton's theorem)　94

▶ は 行

倍率器(multiplier)　20, 127

負荷(load)　3, 127
負荷抵抗(load resistance)　11
ブリッジ回路(bridge circuit)　111
ブリッジの平衡(bridge balance)　111
分圧(voltage division)　16, 127
分配則(division rule)
　電圧の——(voltage ——)　16
　電流の——(current ——)　32
分流(current division)　31, 127
分流器(shunt)　35, 127
閉(回)路(closed circuit, loop)　10, 63, 127
並列接続(parallel connection)　24
閉路電流(loop current)　63
閉路方程式(loop equation)　64
ホイートストン・ブリッジ(Wheatstone bridge)　111
星形接続(star connection)　39
補償の定理(compensation theorem)　105
ボルト(volt)　2

▶ ま 行

ミルマンの定理(Millman's theorem)　98
面抵抗(surface resistance)　6

▶ ら 行

ループ(loop)　10
ループ法(loop method)　63

▶ わ 行

Y接続(Y-connection)　39
ワット(watt)　118

著者略歴

堀　浩雄（ほり・ひろお）
- 1961 年　東北大学工学部卒業，東京芝浦電気(株)(現(株)東芝)入社
- 1980 年　工学博士（東北大学）
- 1994 年　(株)東芝退社
- 1995 年　東芝電子エンジニアリング(株)入社，SID フェロー
- 1999 年　同 退社，東京工業高等専門学校電子工学科教授
- 2002 年　東京工業高等専門学校退職，東京工科大学非常勤講師
- 2002 年　電子情報通信学会フェロー
- 2004 年　映像情報メディア学会フェロー
- 2006 年　東京工科大学退職

編集担当	田中芳実（森北出版）
編集責任	藤原祐介・石田昇司（森北出版）
組　　版	アベリー／プレイン
印　　刷	エーヴィスシステムズ
製　　本	ブックアート

例題で学ぶ
やさしい電気回路［直流編］新装版　　Ⓒ 堀　浩雄　2015

【本書の無断転載を禁ず】

- 2004 年　9 月 30 日　第 1 版第 1 刷発行
- 2015 年　2 月 10 日　第 1 版第 7 刷発行
- 2015 年 11 月 27 日　新装版第 1 刷発行
- 2024 年　3 月 29 日　新装版第 5 刷発行

著　者　堀　浩雄
発行者　森北博巳
発行所　森北出版株式会社

東京都千代田区富士見 1-4-11（〒102-0071）
電話 03-3265-8341／FAX 03-3264-8709
https://www.morikita.co.jp/
日本書籍出版協会・自然科学書協会　会員

JCOPY ＜（一社）出版者著作権管理機構　委託出版物＞

落丁・乱丁本はお取替えいたします．

Printed in Japan／ISBN978-4-627-73532-3